BEI GRIN MACHT SICH IHR WISSEN BEZAHLT

- Wir veröffentlichen Ihre Hausarbeit,
  Bachelor- und Masterarbeit

- Ihr eigenes eBook und Buch -
  weltweit in allen wichtigen Shops

- Verdienen Sie an jedem Verkauf

Jetzt bei www.GRIN.com hochladen
und kostenlos publizieren

Bibliografische Information der Deutschen Nationalbibliothek:

Die Deutsche Bibliothek verzeichnet diese Publikation in der Deutschen National-bibliografie; detaillierte bibliografische Daten sind im Internet über http://dnb.d-nb.de/ abrufbar.

Impressum:

Copyright © 2016 GRIN Verlag, Open Publishing GmbH
Druck und Bindung: Books on Demand GmbH, Norderstedt Germany
ISBN: 978-3-668-24041-4

Dieses Buch bei GRIN:

http://www.grin.com/de/e-book/324108/unsere-lebensmittel-chemie-sekundarstufe-i

Christoph Höveler, Laura Wirths

Unsere Lebensmittel (Chemie, Sekundarstufe I)

Fachliche Ausarbeitung, Curriculare Einordnung, Experimente

GRIN Verlag

Bergische Universität Wuppertal

Fachbereich C – Didaktik der Chemie

WiSe 2015/16

Seminar: Erstellung einer

experimentorientierten Unterrichtseinheit

Projektthema: <u>Unsere Lebensmittel</u>

Korrigierte Version

von:

Christoph Höveler

Laura Wirths

Inhalt

1. Einleitung

In der folgenden Unterrichtseinheit soll das Thema „Unsere Lebensmittel" behandelt und als Projektthema der Sekundarstufe I an nordrhein-westfälischen Realschulen vorgestellt werden. Durch Einbeziehung dieses Projekts können einige Schwerpunktthemen diverser Inhaltsfelder ergänzend eingesetzt oder Phänomene zur Wiederholung betrachtet werden. Darunter fallen insbesondere Teilinhalte der Säure-Base-Chemie, der organischen, anorganischen und physikalischen Chemie, vor allem aber der Biologie. Durch diese Unterrichtsreihe muss demnach ein enges interdisziplinäres Netz zwischen den Themenfeldern der Chemie und der Biologie gesponnen werden, wodurch eine Möglichkeit besteht, die Zusammensetzung bzw. Bestandteile von Nahrung in direkten Zusammenhang mit deren positiven und negativen Auswirkungen auf den menschlichen Körper zu setzen. Dadurch, dass sich die Schülerinnen und Schüler im Alltag zwangsläufig mit dem Thema „Lebensmittel" konfrontiert sehen, soll die Unterrichtsreihe so aufgebaut sein, dass möglichst viele Aspekte während des Projekts behandelt werden können. Im Mittelpunkt sollen dabei die Bestandteile der Nahrungsmittel stehen, die als Energielieferant fungieren und dadurch essenziell für das menschliche Überleben sind. Die wichtigsten drei Stoffgruppen sind die Kohlenhydrate, die Proteine und die Fette bzw. fetten Öle, die außerdem durch das Thema der Vitamine und Mineralstoffe ergänzt werden sollen. Diese Arbeit wird sich demnach nicht mit speziellen Lebensmitteln beschäftigen, sondern einen Ausflug in die Lebensmittelchemie unternehmen, mit dem Bestreben, ihre Schwerpunkte schülergerecht und interessant zu vermitteln.

2. Fachliche Grundlagen

Wird von Lebensmitteln gesprochen, so denkt der Mensch an all die Stoffe, die er selbst als omnivores Wesen konsumiert, um sein Überleben zu sichern. Für alle Lebewesen steht dabei das Wasser und die in ihm gelösten Mineralstoffe an erster Stelle. Tieren und darunter auch dem Menschen, reicht dies allein zum Überleben allerdings nicht aus. Der Mensch, als Allesfresser, sieht sich einer besonders großen Bandbreite an möglichen Nahrungsmitteln gegenübergestellt, die natürlich mehr oder weniger sein ganzes Leben bestimmt. Bei den Einen liegt es daran, dass es ihnen an der Versorgung mit den notwendigen Mitteln mangelt, die Anderen werden von ihren Ernährungsgewohnheiten in dem Sinn bestimmt, dass sie sich möglichst gesund, günstig oder aufgrund ethischer Prinzipien ernähren wollen. Die westliche Kultur heute strebt danach die optimale Formel für eine gesunde Ernährung aufzustellen, was sich bereits in der frühesten Kindererziehung zeigt (vgl. Abb. 1). In Schul- und Bilderbüchern, an Klassenwänden und in Zeitschriften wird bereits auf „Zucker", als der gesundheitsschädigende Stoff schlechthin hingewiesen, während der Apfel und das Obst im Allgemeinen als Symbol für gesunde Ernährung stehen.

Abbildung 1
DGE-Ernährungskreis, von https://www.dge.de/ernaehrungspraxis/vollwertige-ernaehrung/ernaehrungskreis

In der Unterrichtseinheit „Unsere Lebensmittel" im Chemieunterricht können Aussagen wie diese untersucht werden, indem die Bestandteile der Nahrung und deren Eigenschaften und Auswirkungen auf den menschlichen Körper vorgestellt werden und ebenso der Unterschied aufgezeigt wird, zwischen den bekannten Alltagsbegriffen von z.B. Zucker und ihrer Bedeutung in den Naturwissenschaften.

Wird allgemein von den Bestandteilen der Lebensmittel gesprochen, begegnet man dem Begriff der Nährstoffe, der die für den Menschen wichtigsten umfasst. Diese Nährstoffe verfolgen beim jeweiligen Verzehr alle unterschiedliche Aufgaben, die in unterschiedlichem Ausmaß vonstattengehen.[1] Sie können dem Stoffwechsel dienen, also allen Vorgängen zur Erhaltung der Körpersubstanz, z.B. in Form der Ausbildung von Enzymen, sie können Grundbausteine zum Körperaufbau oder chemische Energie liefern, mit der die menschliche Maschinerie letztlich in Bewegung bleibt.

---

[1] Vorlesungsskript „Lebensmittelchemische Grundlagen – vom Phänomen zur Erkenntnis"; Bergische Universität Wuppertal, Prof. Dr. Michael Petz (SoSe 2014)

	Stoffwechselvorgänge	Körperaufbau	Energiebereitstellung
Kohlenhydrate	+	++	+++
Fette	+	++	+++
Proteine	+++	++	++
Mineralstoffe	+++	+	-
Vitamine	+++	-	-
Wasser	++	+	-

Der menschliche Körper besteht zu etwa 60 % aus Wasser. Daneben aus etwa 16 % Proteinen, 10 % Fett, 5 % Mineralstoffen, 1,2 % Kohlenhydraten, 1 % Nucleinsäuren und 0,4 % Vitaminen[2]. Da all diese Faktoren heutzutage bekannt sind, ist es demnach auch nur logisch, dass der Mensch aus diesen Informationen heraus versucht, die optimale Ernährungsformel für sich zu entwickeln.

Was es allerdings rein chemisch mit diesen Nährstoffen und deren Auswirkungen auf den Körper auf sich hat, soll im Verlauf dieses Kapitels näher untersucht werden.

2.1. Kohlenhydrate

Wird von Zucker, Stärke und Cellulose gesprochen, wird damit eine Gruppe von Naturstoffen beschrieben, die man Kohlenhydrate nennt. Kohlenhydrate sind der Hauptbestandteil von Pflanzen und demnach ebenfalls Teil der tierischen Nahrung. Die meisten Vertreter dieser Stoffklasse besitzen die Summenformel $C_x(H_2O)_y$, wobei nicht automatisch angenommen werden darf, dass die einzelnen Moleküle Wasser beinhalten würden, sondern vielmehr Hydroxyaldehyde, Hydroxyketone sowie davon abgeleitete Verbindungen[3].

Die Stoffgruppe der Kohlenhydrate wird wiederum in drei Gruppen unterteilt:

- Monosaccharide – einfache Zucker, wie Glucose oder Fructose.
- Oligosaccharide – auch Mehrfachzucker, bei dem zwei bis acht Monosaccharid-Moleküle miteinander verknüpft sind. Dazu gehören z.B. Saccharose und Malzzucker, die aus zwei zusammengeknüpften Monosaccharid-Molekülen bestehen und auch Disaccharide genannt werden.
- Polysaccharide – Vielfachzucker, die durch Polykondensation aus Monosacchariden entstanden sind. Darunter fallen z.B. Stärke und Cellulose.

Mono- und Oligosaccharide werden gemeinhin als Zucker bezeichnet, was durch ihre Endung -ose gekennzeichnet wird. Sie kommen vor allem in Obst, einigen Getreidesorten und Milch vor. Monosaccharide sind aus einer Kette von drei bis sechs Kohlenstoff-Atomen aufgebaut

---

[2] http://www.rodiehr.de/d_03_grundstoffe_im_koerper.htm (Zugriff: 04.01.16)
[3] Chemie – Das Basiswissen der Chemie; C.E. Mortimer, U.Müller; 8.Auflage; Georg Thieme Verlag; 2003, Kap. 34

und können entweder eine Aldehyd- oder eine Keto-Gruppe enthalten. Je nachdem werden sie als Aldosen oder Ketosen klassifiziert. Die übrigen Kohlenstoff-Atome des Moleküls besitzen alle eine Hydroxy-Gruppe. Außerdem findet eine Klassifikation je nachdem statt, aus wie vielen Kohlenstoff-Atomen das Molekül tatsächlich besteht. Beispielsweise wird Glucose, da sie einerseits aus sechs Kohlenstoff-Atomen besteht und andererseits eine Aldehyd-Gruppe besitzt, letztlich als Aldohexose bezeichnet (vgl. Abb. 2).

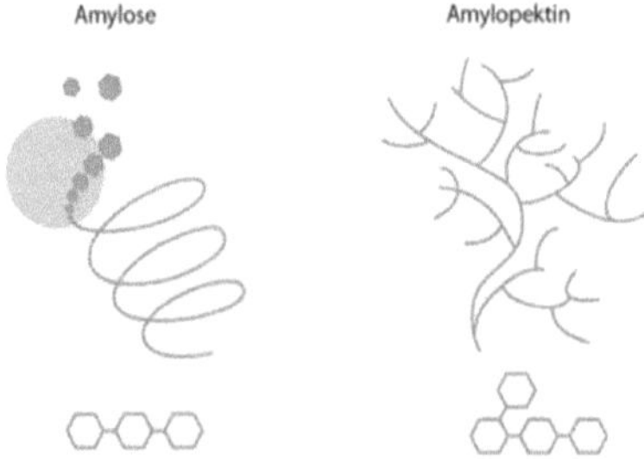

Abbildung 2 – D-Glucose, von https://de.wikipedia.org/wiki/Fischer-Projektion

Alle für den Menschen wichtigen Polysaccharide sind aus D-Glucose-Molekülen aufgebaut. D-Glucose ist dabei eines der beiden möglichen Enantiomeren der Glucose, dessen jeweilige Benennung vom asymmetrisch substituierten Kohlenstoff-Atom abhängig ist, das am weitesten von der Carbonyl-Gruppe entfernt ist. Das D steht für *dexter (lat.)*[4], was nichts Anderes als „rechts" bedeutet. So befindet sich, wenn man das Molekül in der Fischer-Projektion betrachtet, die Hydroxy-Gruppe des letzten asymmetrisch substituierten Kohlenstoff-Atoms auf der rechten Seite. Allgemein besitzen Polysaccharide die Summenformel $(C_6H_{10}O_5)_x$. Stärke ist dabei der lebensmitteltechnisch wertvollste Vertreter dieser Kohlenhydrat-Untergruppe und kommt hauptsächlich in Getreide und Knollenfrüchten vor. Durch die Enzyme im Körper der Säugetiere wird sie wieder in Glucose gespalten, was meist schon während des Kauens beginnt. In ihr sind zwei Sorten von Polymeren enthalten:

Abbildung 3 – Struktur Stärke, von http://www.komm-ins-beet.mpg.de/bilder/nachwachsende-rohstoffe/amylose-und-amylopektin.jpg/image_view_fullscreen

---

[4] http://www.chemgapedia.de/vsengine/vlu/vsc/de/ch/12/oc/vlu_organik/stereochemie/fischer.vlu.html (Zugriff: 04.01.16)

- <u>Amylose</u> (20-30 %)

Lineare Ketten, die in schraubenförmiger Struktur vorliegen und α-1,4-glykosidisch verknüpft sind.

- <u>Amylopektin</u> (70-80 %)

Stark verzweigte Struktur, mit α-1,6-glykosidischen und α-1,4-glykosidischen Verknüpfungen.

Durch den Anteil Amylose in der Stärke ist es möglich, eine spezielle Art des Stärkenachweises zu vollziehen. Es ist ein wechselseitiger Nachweis von Iod und Amylose, begründet durch eine Einschlussverbindung, wobei sich der tiefblaue Iod-Stärke-Komplex bildet. Dabei lagern sich Polyiodid-Anionen, z.B. $[I_5]^-$, in die Spiralen der Amylose ein, welche sich aus Iodid-Ionen und Iod-Molekülen bilden. Ein $[I_5]^-$-Ion ist ein gewinkeltes Assoziat von zwei Iod-Molekülen an ein zentrales Iodid-Ion, wobei das Iodid-Ion ein Elektronendonator ist. Die Elektronen des Komplexes sind leicht erregbar, wodurch die Lösung braun erscheint. Wird diese sogenannte *Lugolsche Lösung* mit ihren Polyiodid-Anionen mit Amylose in Verbindung gebracht, kann diese als Donator-Molekül fungieren, was dann letztlich zur Blaufärbung des so entstandenen Iod-Stärke-Komplexes führt.

Ein anderes wichtiges Polysaccharid ist die Cellulose. Sie ist im Vergleich zur Stärke für den Menschen unverdaulich, was allein auf der unterschiedlichen Verknüpfung der Glucose-Einheiten beruht. Während nämlich im menschlichen Verdauungstrakt Enzyme vorhanden sind, die Stärke spalten können, gibt es dort keine Enzyme, die dem Abbau von Cellulose dienen. Bei anderen Säugetieren, also den meisten reinen Pflanzenfressern, ist ein solches Enzym vorhanden, wodurch Cellulose für sie verdaulich ist. Dennoch ist Cellulose ein wichtiger Werkstoff und deshalb aus dem normalen Alltag nicht wegzudenken.

Kohlenhydrate, vor allem Monosaccharide und Stärke, dienen der raschen Energieversorgung. Die sogenannte Glykolyse beschreibt den schrittweisen Abbau von allen Kohlenhydraten. Dabei wird ein Glucose-Molekül in zwei Pyruvat-Moleküle umgesetzt, wobei zunächst Energie in Form von ATP (Adenosintriphosphat) investiert wird. Genauer noch werden zwei ATP-Moleküle „verbraucht", was allerdings zu verkraften ist, da im späteren Verlauf der Glykolyse vier ATP-Moleküle und zwei Moleküle NADH (Nicotinamidadenindinukleotid) erzeugt werden. Der Energiegewinn dieser durch Enzyme gesteuerten Reaktion beträgt also mehr als das Doppelte.

2.2. Proteine

Unter Proteinen bzw. Eiweißstoffen versteht man die essenziellen Aufbaustoffe aller Lebewesen. Demnach sind für den Menschen verwertbare Proteine vor allem in tierischen Produkten zu finden, aber auch in Nüssen und Hülsenfrüchten. Proteine sind Makromoleküle, die durch Polykondensation aus α-Aminosäuren entstehen. Bei diesen α-Aminosäuren handelt es sich um Carbonsäuren, die eine Amino-Gruppe am α-Kohlenstoff-Atom, also dem Kohlenstoff-Atom, das neben der Carboxy-Gruppe liegt, besitzen. Im

Menschen kommen die in Abb. 4 aufgeführten zwanzig proteinogenen Aminosäuren natürlich vor, die über unterschiedliche chemisch-physikalische Eigenschaften verfügen.

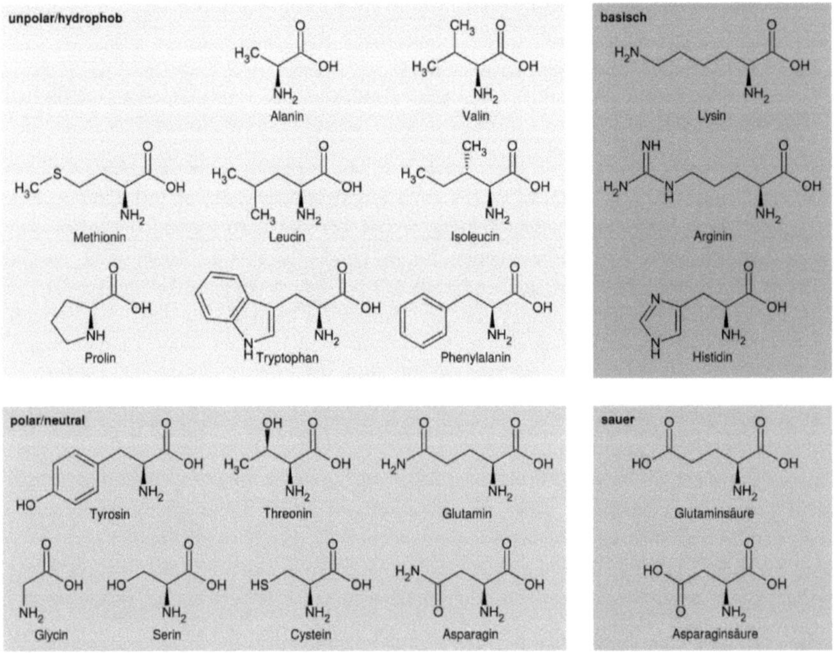

Abbildung 4 - Proteinogene Aminosäuren,
https://upload.wikimedia.org/wikipedia/commons/thumb/7/7d/Overview_proteinogenic_amino_acids-DE.svg/2000px-
Overview_proteinogenic_amino_acids-DE.svg.png (Zugriff: 03.01.16)

Die tatsächliche Verknüpfung von Aminosäuren zu Proteinen findet durch eine Kondensations-Reaktion statt und zwar zwischen der Amino-Gruppe eines Aminosäure-Moleküls mit der Carboxy-Gruppe eines zweiten Moleküls unter Abspaltung von Wasser. Eine solche Bindung wird Peptid-Bindung genannt. Analog zu den Kohlenhydraten gibt es auch bei den Proteinen eine Einteilung in Gruppen, gemäß der Anzahl ihrer Verknüpfungen untereinander:

- <u>Dipeptid</u>

Zwei α-Aminosäuren sind durch nur eine Peptid-Bindung miteinander verknüpft.

- <u>Oligopeptid</u>

Umfasst Verknüpfungen mit mehr als zwei aber weniger als zehn Aminosäure-Molekülen.

- <u>Polypeptid</u>

Beschreibt Verknüpfungen von zahlreichen Aminosäure-Molekülen.

Alle Proteine sind Polypeptide, während Oligopeptide in der Natur als Hormone oder Giftstoffe bei Pflanzen und Tieren vorkommen. Jedes einzelne Protein besitzt eine bestimmte Sequenz von Aminosäuren, die dann über Struktur und Eigenschaften des Proteins bestimmt. Diese sequenzierte Abfolge bezeichnet man als die *Primärstruktur* des Proteins. In nächst größerer Betrachtung ist es den Peptid-Ketten durch Drehbarkeit oder das Bilden von Wasserstoff-Brücken möglich, weitere Formen anzunehmen. Sie fixieren sich in Helix- oder Faltblattstruktur, was ihrer *Sekundärstruktur* entspricht (vgl. Abb. 5).

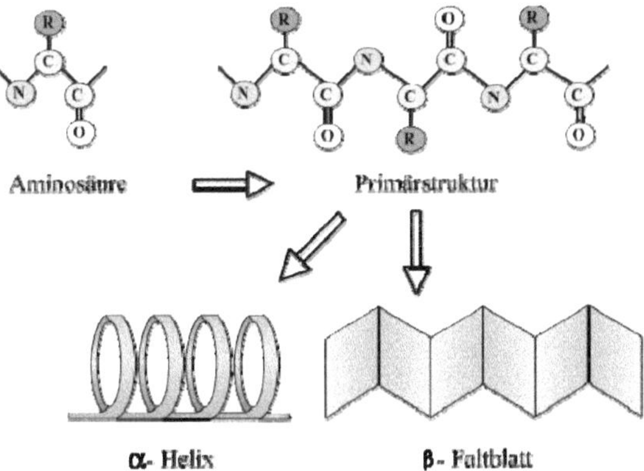

Abbildung 5 - Sekundärstruktur,
http://www.chemgapedia.de/vsengine/vlu/vsc/de/ch/8/bc/vlu/proteine/proteinaufbau.vlu/Page/vsc/de/ch/8/bc/proteine/
aminos_u_einleit/sekundaerstruktur.vscml.html (Zugriff: 03.01.16)

Viele Proteine bestehen aus einzelnen Bereichen, von denen jeder eine eigene Sekundärstruktur besitzt. Deren relative Anordnung zueinander macht die *Tertiärstruktur* des Proteins aus. Diese ersten drei Strukturformen geben Auskunft über die Gestalt nur einer einzelnen Polypeptid-Kette, doch bestehen einige Proteine aus gleich mehreren Polypeptid-Ketten. Die Anordnung dieser Ketten zueinander ist die *Quartärstruktur.*

Proteine besitzen die Eigenschaft, bei Einfluss von Wärme, Säuren, Basen und Alkoholen zu denaturieren. Dies liegt daran, dass eine Veränderung der Molekülstruktur herbeigeführt wird. Genauer noch wird z.B. beim Erhitzen von Proteinen deren Primärstruktur nicht verändert, also keine Bindungen gebrochen oder gebildet, sondern bloß die Wasserstoffbrückenbindungen, die sich zwischen den einzelnen Kettenabschnitten ausgebildet haben. Dadurch wird „nur" die Tertiärstruktur der Proteine verändert. Der gleiche Effekt tritt bei der Zugabe von Säuren oder Laugen ein, allerdings wird das Aufbrechen bzw. die Neubildung von Wasserstoff-Brücken hier durch die Ladungsänderung in der Proteinstruktur verursacht.

Wurden nun Proteine mit der Nahrung aufgenommen, können diese Polypeptide nicht wie z.B. Stärke bereits im Mund in ihre Einzelbausteine zerlegt werden. Sie gelangen vollständig in den Magen, wo sie durch die Magensäure denaturieren. Dann erst kann mit Hilfe von Enzymen, den Peptidasen oder Hydrolasen, die Umkehrung des Kondensationsprozesses eintreten, nämlich die Hydrolyse. Diese Reaktion wird zusätzlich von starken Säuren katalysiert, wodurch der Magen das perfekte Umfeld zur Proteinverdauung bietet.

2.3. Lipide

Fette, fette Öle und auch Wachse gehören zu der Naturstoffklasse der Lipide. Dabei handelt es sich um Stoffe, die aus biologischen Materialien, wie Samen, Nüssen oder tierischen Produkten durch Zugabe von unpolaren Lösungsmitteln herausgelöst werden können. Allgemein können Fette als Triester der Fettsäuren bezeichnet werden. Fettsäuren sind unverzweigte Monocarbonsäuren, die gesättigt oder ungesättigt vorliegen können. Ungesättigt werden Fettsäuren genannt, die in ihrer Kette eine oder mehrere Doppelbindungen zwischen zwei Kohlenstoff-Atomen aufweisen. Fette und Öle sind Ester mit dem dreiwertigen Alkohol Glycerin, wobei jede seiner drei Hydroxy-Gruppen mit je einem Fettsäure-Molekül verestert vorliegt (vgl. Abb. 6). Eine solche Verbindung wird auch Triglycerid genannt. In der Natur vorkommende Fette und Öle sind immer Gemische verschiedener Triglyceride.

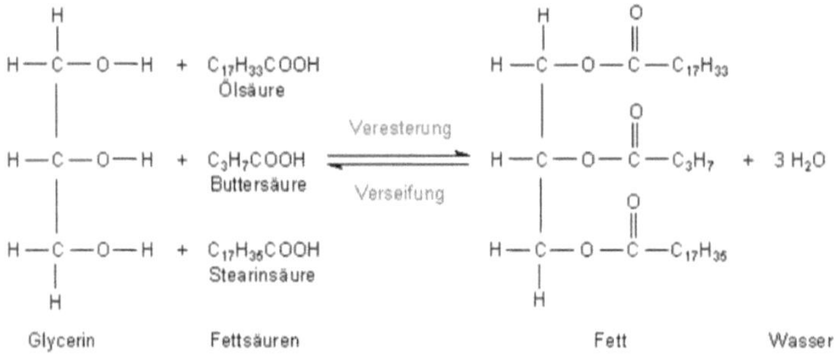

Abbildung 6 - Beispiel Bildung Fett-Molekül durch Veresterung -
http://www.chemieunterricht.de/dc2/milch/images/fettbldg.gif (Zugriff: 05.01.16)

Triglyceride, die bei Raumtemperatur fest sind, heißen Fette. Anders handelt es sich bei Triglyceriden, die bei Raumtemperatur flüssig sind, um Öle. Allgemein gilt: je höher der Anteil an ungesättigten Fettsäuren, umso niedriger der Schmelzpunkt des Fettes. Durch Fetthärtung, also durch katalytische Hydrierung, können bestimmte Pflanzenöle in Fette (Margarine) überführt werden.

Die entsprechende Rückreaktion der Veresterung, durch wässrige Lösungen von Basen, ist unter dem Vorgang der Verseifung bekannt. Als Base zur Spaltung kann z.B. Natriumcarbonat eingesetzt werden, sodass neben Glycerin auch die Natrium-Salze der

Fettsäuren erhalten bleiben. Diese Natrium-Salze sind gut wasserlösliche, harte Seifen und werden Kernseife genannt. Kalium-Salze der Fettsäuren bezeichnet man als Schmierseife, die schwer löslich sind.

Fettsäure-Anionen sind am jeweiligen Carboxylat-Ende hydrophil, dagegen ist ihr Alkylrest lipophil, wodurch sie amphiphilen Charakter erhalten. In Wasser ordnen sich die Fettsäure-Anionen so an, dass ihr hydrophiler Teil in das Wasser und der lipophile Teil aus dem Wasser ragt. Dies verringert die Oberflächenspannung des Wassers. Der lipophile Alkylrest lässt sich in unpolaren Lösungsmitteln lösen und kann so eine Verbindung zwischen diesem und dem Wasser schaffen.

Eine Hydrolyse findet auch bei der Fettverdauung statt[5]. Dabei wird die fette Nahrung in der Mundhöhle eingespeichelt und gelangt dann in den Magen. Dort spalten Lipasen die Esterbindungen der Triglyceride zunächst in zwei Monoglyceride, Glycerin und freie Fettsäuren. Die kurz- und mittelkettigen Fettsäuren werden mit hoher Geschwindigkeit und ohne Micellenbildung freigesetzt. Langkettige, gesättigte Fettsäuren können hingegen nur unvollständig freigesetzt werden.

Auch biologische Zellmembranen sind nach dem Prinzip der Mizellen aufgebaut, genauer noch in einer sogenannten Phospholipid-Doppelschicht (Abb. 8), die innen hydrophob und außen hydrophil ist.

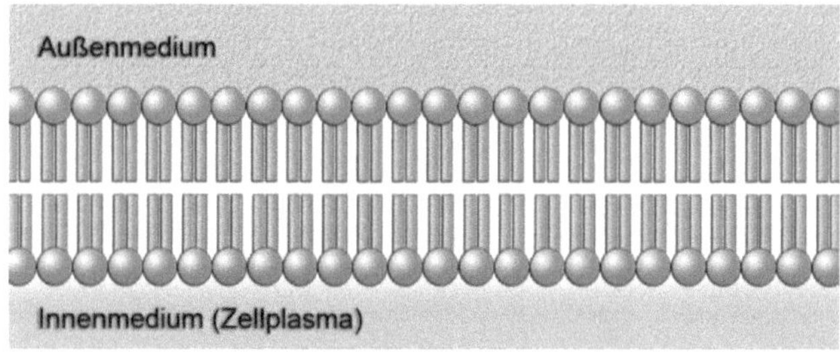

Abbildung 7 - Biomembran - http://www.u-helmich.de/bio/cytologie/02/021/Lipide/Lipide-03.html (Zugriff: 03.01.16)

Diese Phospholipide sind Glycerintriester, die allerdings nur zwei Fettsäure-Reste enthalten, dafür aber die dritte Hydroxy-Gruppe mit einer Phosphorsäure verestert ist, die ebenfalls mit einem weiteren Stoff, nämlich Cholin verestert ist. Eine solche Membran schließt das Äußere und das Innere der Zelle voneinander ab, sodass kein stofflicher Austausch vonstattengehen kann. Allerdings können u.A. Proteine in der Membran eingelagert sein, die einen Austausch von Stoffen in oder aus der Zelle kontrolliert regulieren.

---

[5] Vgl. http://www.spektrum.de/lexikon/ernaehrung/fettverdauung/3001 (Zugriff: 04.01.16)

2.4. Vitamine und Mineralstoffe

Vitamine sind, anders als Kohlenhydrate, Fette oder Proteine, keine Energieträger, sondern dienen anderen lebensnotwendigen Funktionen. Der menschliche Körper kann Vitamine, die er für den Stoffwechsel benötigt nicht bedarfsdeckend synthetisieren, weshalb sie zwangsläufig mit der Nahrung aufgenommen werden müssen. Ihr Fehlen würde zu *Avitaminosen* führen, also Mangelerkrankungen, die teils verheerende Folgen mit sich bringen können. Die organischen Vitamine können chemisch keiner ganz bestimmten Stoffklasse zugeordnet werden, so gehören A- und K-Vitamine den Terpenen, D-Vitamine hingegen den Steroiden an. Bei einem Großteil der Vitamine handelt es sich um heterocyclische Verbindungen, die meistens in Coenzyme oder andere prosthetische Gruppe von Enzymen eingebaut werden. Anders ist es bei Vitamin C (Abb. 8), auch unter dem Namen Ascorbinsäure bekannt, welches Primaten als Reduktionsmittel in Enzymreaktionen und zum Abfangen von toxischen Sauerstoff-Radikalen benötigen. Ascorbinsäure besitzt keine klassischen für Säuren typischen funktionellen Carbonsäure- oder Phosphosäuregruppen, ist aber mit einem pK_S-Wert von 4,25 beispielsweise saurer als Essigsäure. Diese sauren Eigenschaften sind durch die Endiol-Struktur der Ascorbinsäure bedingt. Enole an sich sind bereits sauer, doch liegt hier außerdem eine zweite enolische Hydroxygruppe vor, was die Säurestärke erhöht. Wie die meisten Vitamine kann der Mensch dieses Vitamin nicht selbst herstellen, jedoch kommt es in Pflanzen reichlich vor, weshalb der Bedarf von rund 100 mg[6] pro Tag leicht gedeckt werden kann.

---

[6] Vgl. http://www.chemie.de/lexikon/Vitamine.html (Zugriff: 04.01.16)

Abbildung 8 - Vitamin C - http://gesundheit.naanoo.de/wp-content/uploads/2014/09/vitamin-c-strukturformel.jpg (Zugriff: 03.01.16)

Daneben kann z.B. Vitamin D im Körper selbst synthetisiert werden, sofern genügend Sonnenexposition besteht. Als Steroid wird Vitamin D aber bereits zur Klasse der Hormone gezählt und zählt damit nicht zu den „typischen" Vitaminen.

Bei Mineralstoffen handelt es sich wie auch bei den Vitaminen um lebensnotwendige, allerdings anorganische Nährstoffe, die der Organismus nicht selbst herstellen kann, sondern die dem Körper ebenfalls mit der Nahrung zugeführt werden müssen. Mineralstoffe werden meist in Form gebundener Verbindungen bzw. als Ionen aufgenommen und können nach dem Verzehr in Bestandteile von Hormonen, z.B. in der Schilddrüse, umgesetzt werden. Viele Mineralstoffe, wie etwa Natrium- oder Kalium-Ionen befinden sich in einem funktionellen Regelkreis und beeinflussen einander bei der Nervensignalleitung[7]. Andere gelöste Elektrolyte sorgen in der Körperflüssigkeit für eine Elektroneutralität und damit für die Aufrechterhaltung des osmotischen Drucks zwischen den Geweben. Die wohl einfachste Art Mineralstoffe zu sich zu nehmen, ist der Konsum von Natriumchlorid oder vergleichbaren Salzen, bzw. dem Verzehr von besonders mineralstoffhaltigem Wasser. Bei der Wichtigkeit von Mineralstoffen für den menschlichen Körper unterscheidet man zwischen Mengen- (Ca, Cl, K, Mg, P, S, Na) und Spurenelementen (As, Cr, Fe, F, I, Cu usw.).

---

[7] Vgl. http://www.chemie.de/lexikon/Mineralstoff.html (Zugriff: 04.01.16)

3. Unterrichtseinheit

Diese Unterrichtseinheit ist als ein fortlaufendes Projekt innerhalb des normalen Schulbetriebes geplant während des 3. Lernjahrs. Sie umfasst sechs verschiedene thematisch separierte Einheiten, wobei von drei Schulstunden mit je 45 Minuten pro Woche gerechnet wurde. Die Stunden verteilen sich auf eine Einzel- und eine Doppel-Stunde pro Woche.

3.1. Thema der Einheit und curriculare Einbindung

Die hier vorgestellte Unterrichtseinheit „Unsere Lebensmittel" behandelt die genauere Analyse der alltäglichen Lebensmittel. Es sollen dabei im Rahmen der Unterrichtseinheit von den Schülerinnen und Schülern die jeweiligen Nährstoffe welche alltägliche Lebensmittel enthalten unterscheiden können, und deren charakteristische Eigenschaften näher untersuchen, sowie einzelne Vitalstoffe bestimmen und deren Funktion zuordnen. Dabei sollen von den Schülern und Schülerinnen während der Projektarbeit der Großteil der eingeplanten Experimente eigenständig bzw. in Kleingruppen durchgeführt werden. Die in der Unterrichtseinheit durchgeführten Experimente sind daher so gewählt und konzipiert worden, dass diese sowohl mit geringstmöglichen Gefährdungspotenzial von den Jugendlichen ausgeführt werden können und dennoch den fachlichen und didaktischen Anforderungen der Unterrichtsreihe genügen.

Die Unterrichtseinheit befasst sich mit der Zusammensetzung unserer Nahrungsmittel. Dabei werden zunächst die Makronährstoffe: „Kohlenhydrate, Eiweiße und Lipide" behandelt. Anschließend auf die Mikronährstoffe: „Vitamine und Mineralstoffe" zur Vervollständigung eingegangen. Die dabei vermittelten fachlichen Grundlagen umfassen Struktur, Klassifizierung und Aufbau von sowohl Kohlenhydraten, Lipiden als auch Proteinen.

Das Thema „Unsere Lebensmittel" ist interdisziplinär verknüpfbar, wobei auf Seiten der Chemie vor allem Teile der organischen Chemie als auch der biologischen Chemie abgedeckt werden. Dies wird aber abhängig von den einzelnen Versuchen und Unterrichtsinhalten um Teilaspekte aus Themengebieten der Anorganik (Nachweisversuche) sowie Quervernetzungen in die Biologie erweitert.

Die curriculare Einbindung des Themas in den Chemieunterricht ist in der Sekundarstufe 1 laut des Rahmenlehrplans für Realschulen des Landes NRW so nicht vorgesehen. Zwar wird „Speisen und Getränke" als möglicher Themenkontext im Inhaltsfeld 1 *Stoffe und Stoffeigenschaften* vorgeschlagen, macht jedoch in Bezug auf die zu vermittelnden Inhalte dieser UE keinen Sinn. Stattdessen gliedert sich diese Unterrichtseinheit in das Inhaltsfeld 8, Stoffe als Energieträger, sowie Inhaltsfeld 9, Produkte der Chemie, im 3. Lernjahr ein. Diese Einordnung ergibt sich sowohl aus dem Anspruch komplexeres Wissen vermitteln zu wollen, als auch aus dem benötigtem Vorwissen und könnte dementsprechend als Bindeglied dieser beiden Inhaltsfelder dienen. Idealerweise ist das Inhaltsfeld 8 gerade abgeschlossen, sodass grundlegende Kenntnisse in der organischen Chemie bestehen. Die Inhalte der vorgestellten UE dienen zudem zur Vermittlung der geforderten Basiskonzepte. Anhand von Stärke kann die Synthese von Makromolekülen aus Monomeren sowie die Esterbildung angeführt werden. Dies deckt das gesamte Basiskonzept zur chemischen Reaktion ab. Auch die Struktur der Materie wird bei den Aminosäuren und bei den Fetten zu genüge thematisiert, sowohl was funktionelle Gruppen anbelangt, als auch was Tenside betrifft.

Im Anschluss an diese Unterrichtseinheit können dann die restlichen Themen des Inhaltsfelds 9 wie zum Beispiel die Tenside, Seifen, Düfte und Aromen sowie Kunststoffe besprochen werden.

3.2. Tabellarische Übersicht

Thema der Stunde	Inhalte	Dauer (in Minuten)
Einführung	<ul><li>Die Chemie der Lebensmittel</li><li>Lebensmittel als Energiespender</li><li>Bestandteile unserer Nahrung</li></ul>	45
Fette und Öle	<ul><li>Was sind Fette?</li><li>Herstellungsprozess von pflanzlichen Ölen</li></ul>	45
	<ul><li>Aufbau und physikalische Eigenschaften von Fetten</li><li>Fettsäuren</li><li>Pflanzliche vs. tierische Fette</li></ul>	45
Kohlenhydrate	<ul><li>Einführung Kohlenhydrate</li><li>Physikalische Eigenschaften von Kohlenhydraten</li><li>Zucker</li></ul>	45
Kohlenhydrate	<ul><li>Einfach-, Mehrfach- und Vielfachzucker</li><li>Stärke</li></ul>	90
Proteine	<ul><li>Eigenschaften und Zusammensetzung von Eiweißen</li><li>Eiweißverdauung mittels Enzymen</li></ul>	45
Vitamine und Mineralstoffe	<ul><li>Funktion von Vitaminen und Mineralstoffen</li><li>Natürliches Vorkommen</li><li>Vergleich von Vitamin C und „Vitamin D"</li></ul>	45
Abschluss und Wiederholung	<ul><li>Versuche rund ums Gummibärchen</li><li>Quiz zur Wiederholung über den gesamten Inhalt der UE</li></ul>	45

3.3. Übergeordnete Lernziele

Als übergeordnetes Lernziel der Unterrichtseinheit steht eine Intensivierung der fachlichen Qualifikationen der Schülerinnen und Schüler im Fach Chemie. Dies umfasst die Kenntnisse über Art und Funktion von Makronährstoffen und ein vertieftes Verständnis von Nachweisreaktionen eben dieser, sowie deren chemischen Aufbaus. Die behandelten Nährstoffe umfassen Kohlenhydrate, Fette, Proteine und Vitamine. Dabei besonders im Fokus steht die Unterscheidung von Einfach- und Vielfachzuckern, der Aufbau und Nachweis von Stärke, der Aufbau von Fetten und deren Nachweis, die Unterschiede zwischen tierischen und pflanzlichen Fetten im Hinblick auf eine gesunde Ernährung, die Eigenschaften und der Aufbau von Proteinen, die Funktion und Bedeutung von Aminosäuren, sowie die Funktion von Enzymen, Vitaminen und Mineralstoffen im menschlichen Körper. Darüber hinaus sollen die Jugendlichen in die Lage versetzt werden, die Zusammensetzung von Lebensmittel auf andere Bereiche übertragen zu können, bzw. mithilfe des neugewonnen Wissens ihre eigene Lebensweise / Ernährungsweise selbstkritisch reflektieren zu können.

Durch die Gestaltung der Unterrichtseinheit als Projekt sollen die Schülerinnen und Schüler das selbständige, sachgerechte und sichere Arbeiten mit Chemikalien im Chemieunterricht erlenen, Experimente eigenständig unter Einbehaltung der Sicherheitsvorschriften durchführen und auch den gesundheitsbewussten sowie ökologischen Umgang mit haushaltsüblichen Lebensmittel einschätzen und begründen können. Sie sollten in der Lage sein, die Alltagsbedeutung der thematisierten Inhalte zu erkennen und diese unter den Aspekten der Nachhaltigkeit und Umweltverträglichkeit nachvollziehen zu können. Im Rahmen des Projekts sollen die Jugendlichen auch selbständig Literaturrecherche, zu den erarbeitenden Themeninhalten durchführen können.

3.4. Notwendiges Vorwissen

Die Schülerinnen und Schüler sollten unter der Annahme, dass die Unterrichtseinheit in dem dritten Lernjahr der Realschule durchgeführt wird, über ein fundiertes Basiswissen verfügen. Darunter fallen Trennverfahren (Inhaltsfeld 1), die Oxidation (Inhaltsfeld 2), Stoffumwandlung (Inhaltsfeld 2), Alkane (Inhaltsfeld 8) sowie grundlegende Kenntnisse in Ernährungsphysiologie (Biologie).

Lebensmittel als Energieträger für den Menschen sowie eine kalorische Einschätzung der Nährstoffe sollte aus dem Bereich der Biologie bekannt sein, wie auch die grundlegende Funktion von Enzymen. Darüber sollte zuvor ein Austausch mit der jeweiligen Biologielehrkraft stattgefunden haben.

4. Planung der 1. Unterrichtsstunde

4.1. Thema der Stunde und das benötigte Vorwissen

Die nun folgende, nach dem Prinzip des forschend-entwickelnden Unterrichtsverfahrens geplante Unterrichtsstunde, ist als Doppelstunde (90 Minuten) konzipiert. Sie wird an die vierte Stunde der Unterrichtseinheit anknüpfen und sich mit dem Thema Stärke auseinandersetzen. Im Verlauf dieser Unterrichtsstunde sollen die Jugendlichen den Bereich der Stoffgruppe der Kohlenhydrate vertiefen, indem sie ihre Untergruppen kennenlernen und sich insbesondere mit dem Nachweis von Stärke in Lebensmitteln befassen. Durch Recherchearbeit und experimentelle Beobachtungen erlangen sie Erkenntnisse über Struktur und chemische Eigenschaften dieses besonderen und wichtigen Polysaccharids.

In der Stunde zuvor wurde die Stoffgruppe der Kohlenhydrate bereits untersucht und eine Bruttoformel durch die Ergebnisse des Versuchs „Woher der Name Kohlenhydrate stammt" aufgestellt. Die Schülerinnen und Schüler befassten sich mit den Zuckern, insbesondere Glucose, stellten aber zeitgleich fest, dass verschiedene Kohlenhydrate bei Erwärmung während des demonstrierten Versuchs unterschiedlich reagierten und somit womöglich über unterschiedliche Eigenschaften verfügen könnten.

4.2. Lernziele

In dieser fünften Stunde der Unterrichtseinheit werden die Lernergebnisse der vierten Stunde aufgegriffen und offengebliebene Fragen genauer untersucht. Dazu wird die Stärke in den Fokus des Unterrichtsgesprächs gerückt, die bereits in der vorherigen Sitzung während des Verbrennungsversuchs vorgestellt, allerdings nicht weiter thematisiert wurde. Die Schülerinnen und Schüler sollen erkennen, dass Stärke, anders als z.B. Glucose, die karamellisierte, unter starker Rauchbildung und einem unangenehmen Geruch verbrennt, woraufhin nur schwarze Rückstände zurückbleiben. Bei einem weiteren kurz inszenierten Lehrerdemonstrationsversuch wird die Löslichkeit von Stärke untersucht und zuvor Vermutungen aufgestellt, ob sie sich überhaupt lösen wird. Nun wird das Alltagswissen der Schülerinnen und Schüler aktiviert, sodass zunächst vermutet wird, dass, da sich viel Zucker in z.B. kalten Soft-Drinks gelöst befindet, sich auch andere Kohlenhydrate in Wasser lösen ließe. Einige könnten dann vermuten, dass, weil Stärke ja anders ist als Zucker, sie sich nicht in kaltem Wasser lösen wird. Das Thema „Löslichkeit" wird wiederholt und zusammen mit dem Verhalten, während des Verbrennens, den chemischen Eigenschaften zugeordnet. Nun werden die Begriffe Mono-, Oligo- und Polysaccharide eingeführt und in einem Tafelbild mit den physikalischen und chemischen Eigenschaften der untersuchten Stoffe in Verbindung gebracht. Im weiterführenden Verlauf der Doppelstunde recherchieren die Schülerinnen und Schüler nach einer Nachweisreaktion für Stärke und stoßen auf den Iod-Stärke-Nachweis. Dieser wird mit einigen Lebensmittelproben zugleich durchgeführt, sodass die Jugendlichen lernen, oder bestätigt bekommen, welche Lebensmittel Stärke enthalten. Anschließend wird ein Arbeitsblatt bearbeitet, dass auf die Versuchsphänomene und -ergebnisse eingeht und damit die Struktur der Stärke mit den Polyiodid-Ketten der Iod-Kaliumiodid-Lösung modellhaft in Verbindung bringt. Durch diese Einschlussverbindung kann letztlich der Begriff „Komplex" didaktisch reduziert vorgestellt werden.

All diese Teilziele sollen darauf hinauslaufen, dass am Ende der Doppelstunde das Stundenziel erreicht worden ist und zwar, dass die Schülerinnen und Schüler Amylose und Amylopektin als Bestandteile der Stärke kennen, dass sie wiederum aus unterschiedlich verknüpften Glucose-Molekülen bestehen und die Einschlussverbindung der Polyiodid-Ketten in Amylose als eine einzigartige Nachweisreaktion für Stärke erklären können. Außerdem sind sie dazu in der Lage, Beispiele für Mono-, Oligo- und Polysaccharide zu nennen.

4.3. Verlaufsplan

Phase	Inhalt	Aktionsform	Medien / Material
Wiederholung	Besprechung des Aufgabenblatts zum Thema „Kohlenhydrate". Wiederholung des Versuchs „Woher der Name Kohlenhydrate stammt".	Unterrichtsgespräch	Arbeitsblatt 1
Problem-gewinnung	*Ergänzung*: Stärke ist ebenfalls ein Kohlenhydrat, unterscheidet sich aber von „Zucker" allgemein, wie der Versuch zeigte. Die Lehrkraft fragt nach der Löslichkeit von Glucose bzw. Stärke in Wasser. Die SuS erklären, dass in Soft-Drinks viel Zucker enthalten ist, sich Zucker, wie sie ihn kennen, also lösen wird. Sie kennen nun Stärke als Kohlenhydrat, könnten also vermuten, dass sich Stärke genauso lösen wird. Die Lehrkraft erinnert an die Versuchsergebnisse: Glucose und Saccharose riechen süß und karamellisieren, Stärke dagegen nicht. Vermutungen werden aufgestellt, dass Stärke sich, da sie sich von den „anderen Zuckern" unterscheidet, nicht lösen wird. *Information*: Es gibt Mono-, Oligo- und Polysaccharide, die unterschiedliche Eigenschaften während des Verbrennens und bei ihrer Löslichkeit aufweisen. *Frage*: Das Tafelbild hat gezeigt, dass die Polysaccharide Stärke und Cellulose annähernd gleich aufgebaut, trotzdem aber zwei verschiedene Stoffe sind. Beide sind in Pflanzen enthalten. Wie lässt sich herausfinden, welche Pflanzen Stärke enthalten und welche nicht? Gibt es dazu ein besonderes Verfahren, dass zwar Stärke aber keine anderen Kohlenhydrate, also auch nicht Cellulose nachweist?	fragend-entwickelnder Unterricht Lehrer-Demonstrations-versuch	Tafelbild
Überlegung zur Problemlösung	SuS recherchieren eigenständig nach einer geeigneten Nachweisreaktion für Stärke. Im Plenum werden die Ergebnisse vorgestellt.	Partnerarbeit Unterrichtsgespräch	Schulbücher (ggf. Internet)
Durchführung des Lösungs-vorschlags	*Planung* des Lösungsvorhabens. *Besprechung* des Iod-Stärke-Nachweises (Material, Aufbau, Durchführung). Aushändigen der Chemikalie und der Lebensmittelproben. *Diskussion der Ergebnisse*: Zusammenfassen der Erkenntnisse, Identifizierung	Schülerversuch in kleinen Gruppen	Reagenzglasständer, Reagenzgläser, Pipette, Iod-Kaliumiodid-Lösung, Brot, Zucker-würfel, Apfel,

	von positiv bzw. negativ ausgefallenen Proben. Die Frage tut sich bei den SuS auf, warum der Nachweis von Stärke nicht auch andere Kohlenhydrate nachweisen kann, da sie doch, wie auch Cellulose, nur aus Glucose-Einheiten besteht.	fragend-entwickelnder Unterricht	Nudel, Kartoffel Arbeitsblatt 2
Vertiefung der Erkenntnisse	Bearbeitung des Arbeitsblatts zum Thema Stärke und ihre Struktur. Erschließung des Phänomens durch das Zusammenführen der Struktur von Stärke und der Begriffseinführung der Komplexe.	Partnerarbeit Unterrichtsgespräch	Arbeitsblatt 3

4.4. Medien / Methoden

4.4.1. Zentrale Experimente der Stunde

Das zentrale Experiment dieser Unterrichtsstunde ist der Iod-Stärke-Nachweis, bei dem die Lehrkraft einige Lebensmittel und die bereits angesetzte Iod-Kaliumiodid-Lösung bereitstellt, damit es als Schülerversuch schnell und sicher durchgeführt werden kann. Durch ihr Vorwissen aus dem Alltag könnten sie bereits erahnen, dass in z.B. Kartoffeln viel Stärke enthalten ist, sind aber bei anderen Proben möglicherweise überrascht, da sie nicht besonders viel mit der Kartoffel gemein haben. Auch Lebensmittel, die andere Kohlenhydrate enthalten, z.B. Obst mit einfachen Zuckern oder Zuckerwürfel werden zur Überprüfung mit der Lugolschen Lösung angeboten. Durch diesen Versuch kann lediglich beantwortet werden, welche Lebensmittel tatsächlich stärkehaltig sind und dass der Nachweis nur bei diesem speziellen Kohlenhydrat positiv ausfällt. Dies entspricht natürlich nicht zu 100 % der Wahrheit, da mit Hilfe von Iod-Kaliumiodid-Lösung auch Chitin oder Alkaloide[8] nachgewiesen werden können. Auf die Bestandteile und Struktur der Stärke, kann hiernach noch nicht direkt geschlossen werden. Da der Versuch allerdings maßgeblich zum späteren Verständnis über die Struktur der Amylose beiträgt, ist er kein bloßes Nachweisexperiment, sondern unterstützt den Erkenntnisgewinn. Es bedarf außerdem keines aufwändigen Versuchsaufbaus oder besonders genauem Arbeiten, wodurch auch der Zeitaufwand sehr gering ist.

4.4.2. Begründung der gewählten Methode

Die Methode der Unterrichtsgestaltung dieser weiterführenden Doppelstunde soll, nachdem ein Grundstein durch den Erwerb von Fachwissen durch die vorherige Einzelstunde gelegt wurde, den Schülerinnen und Schülern nun ein eigenständiges Erarbeiten weiterer Erkenntnisse zum Thema Kohlenhydrate ermöglichen. Die Jugendlichen sind nicht bloß stille Teilhaber des Unterrichts, sondern stellen selbst Vermutungen über die Eigenschaften, z.B. der Löslichkeit der Stärke auf, hinterfragen die bekannten Informationen über Kohlenhydrate, recherchieren nach einer Nachweisreaktion für Stärke und untersuchen experimentell Lebensmittel nach eben diesem Stoff. Das Arbeitsblatt 3 ist so konzipiert, dass es den Schülerinnen und Schülern Informationen liefert, auf die sie von allein nicht kommen können, doch ergibt sich aus den Erfahrungen des Unterrichtsgesprächs und dem Experiment während des Bearbeitens des Arbeitsblattes ein „Aha-Effekt", sodass sich letztlich alles für sie logisch zusammenfügt. Die hier gewählte Methode orientiert sich an dem forschend-entwickelnden Unterrichtsverfahren, auch wenn viele Informationen vorgegeben werden. Dennoch wird hier versucht, die Jugendlichen soweit es geht zu aktivieren und naturwissenschaftliche Denkprozesse in ihnen in Gang zu bringen.

5. Planung der 2. Stunde

5.1. Thema der Stunde

Die nun folgende, nach dem Prinzip des forschend-entwickelnden / historisch-genetischen Methode Unterrichtsverfahrens geplante Unterrichtsstunde, ist als Einzelstunde (45 Minuten) konzipiert. Sie wird die insgesamt 2. Stunde der Unterrichtseinheit sein und sich mit dem Thema Lipide auseinandersetzen. Im Verlauf dieser Einzelstunde sollen die Jugendlichen eine Vorstellung von Ölen als Naturstoff in unseren Lebensmitteln gewinnen, sowie deren Abgrenzung zu Mineralölen oder ätherischen Ölen. Das natürliche Vorkommen in Nüssen und Samenkörnern sollen die Schülerinnen und Schüler in einem Experiment in Kleingruppen selbstständig extrahieren. Durch Recherchearbeit und experimentelle Beobachtungen, erlangen sie Erkenntnisse über Struktur und chemischen Eigenschaften, wie zum Beispiel der Löslichkeit.

5.2. Lernziele

Die Stunde beginnt mit einem Lehrervortrag über die Unterschiede zwischen Fetten und Ölen wie sie in Lebensmitteln vorkommen und anderen Lipiden. Dem gegenüber gestellt werden die ätherischen Öle und schlussendlich die Mineralöle, als Gemisch verschiedenster Kohlenwasserstoffe. Anschließend wird darauf eingegangen, dass Fett umgangssprachlich für feste und Öle für flüssige Lipide benutzt wird, wobei tierische Fette als ein Gemisch verschiedener Fette und Öle vorgestellt wird.

Zum Ende des Vortrages wird darauf verwiesen, dass Nüsse und Samen einen hohen Anteil an Lipiden vorweisen.

Als nächstes wird den Jugendlichen ein historischer Zugang zur Olivenölherstellung in Form eines Texts nahegelegt, der später mit dem Vorgang der Kaltextraktion verglichen wird. Mithilfe des Texts sollen die Schülerinnen und Schüler eine Versuchsvorschrift aufstellen und diesen Vorgang der Stofftrennung in Kleingruppen selbstständig durchführen.

Die Jugendlichen lernen die organische Stoffklasse der Lipide in ihren unterschiedlichen Alltagsformen und Anwendungen kennen. Der Vorgang der Extraktion von Fett aus Pflanzenteilen wird sowohl vorgestellt als auch praktisch durchgeführt, womit sie die Kenntnis und Fähigkeit einer weiteren Trennmethode beherrschen. Grundlagenwissen über die Löslichkeit von Kohlenwasserstoffen und Lipiden und die Zusammensetzung von Nüssen und Samenkörnern wird zudem, wenn auch nicht schwerpunktmäßig, wiederholt.

5.3 Verlaufsplan

Phase	Inhalt	Aktionsform	Medien/Material
Einleitung und Problemgewinnung	Vorstellung von Fetten und fetten Ölen als Naturstoff in unseren Lebensmitteln. Klärung möglicher begrifflicher Verwirrung: Die Stoffgruppe der Nahrungsfette wird auch Lipide genannt, die nicht mit Mineralölen (Gemisch verschiedener Kohlenwasserstoffe, die nicht essbar sind) und ätherischen Ölen (Aromaträger, deren Hauptbestandteile Terpene sind) verwechselt werden dürfen. Bekannterweise sind Fette fest und Öle flüssig. Beide sind in tierischen und pflanzlichen Produkten zu finden. *Frage*: Auch in Lebensmitteln, bei denen es nicht auf den ersten Blick gesehen werden kann, können Lipide vorhanden sein, z.B. Nüsse und Samen. Wie bekommt man Öle aus diesen Lebensmitteln heraus?	Lehrervortrag fragend-entwickelnder Unterricht	
Beispiel zur Erläuterung und Problemerklärung	Ein Text zur Geschichte der Herstellung von Olivenöl wird ausgehändigt und der Prozess des Pressens erläutert. In einem zweiten Abschnitt wird dem der Prozess der Kalt-Extraktion gegenübergestellt, der bei anderen Pflanzenteilen zur Ölgewinnung eingesetzt wird.	Stillarbeit	Text zu Arbeitsblatt 4
Überprüfung der Problemlösung durch praktische Anwendung	Bearbeitung des Aufgabenblatts zur Erstellung einer eigenen Versuchsvorschrift mit Hilfe des Texts zur Herstellung von Ölen, wobei nur aufgelistete Materialien/Chemikalien verwendet werden dürfen. Anschließende Durchführung des Versuchs. [Auswertung erfolgt in dem direkt angeschlossenen 2. Teil dieser Doppelstunde]	Arbeit in kleinen Gruppen Schülerversuch in kleinen Gruppen	Arbeitsblatt 4 n-Heptan, Pflanzensamen, Mörser, Trichter, Filterpapier, Becherglas, Rührfisch, Heizplatte

5.4. Medien / Methoden

5.4.1. Zentrale Experimente der Stunde

Das zentrale Experiment der Stunde ist die Kaltextraktion des Öls aus einem Gemisch von verschiedenen Samen. Durch den Lehrervortrag und aus dem Vorwissen aus dem Alltag wissen die Schülerinnen und Schüler, dass Nüsse und Samen über einen hohen Anteil von Lipiden verfügen, obwohl dies zunächst nicht sichtbar ist. Der Versuch kann und soll nicht quantitativ, sondern qualitativ ausgewertet werden eben, weil er einerseits schnell durchgeführt werden soll und andererseits die praktische Arbeit im Vordergrund hierbei steht.

5.4.2. Beschreibung der gewählten Methode

Die vorgestellte Unterrichtstunde wurde überwiegend der historisch-genetischen Methode konzipiert. Anzumerken ist der Beginn der Stunde, welcher nach dem Lehrervortrag fragend-entwickelnd voranschreitet. Da jedoch die durchführbaren Methoden in der Extraktion des Öls aus Nüssen / Samen besteht, wird hier das angestrebte Verfahren forciert und über den historischen Rückblick motivational gefördert.

6. Annotiertes Literaturverzeichnis

- (1) Vorlesungsskript „Lebensmittelchemische Grundlagen – vom Phänomen zur Erkenntnis"; Bergische Universität Wuppertal, **Prof. Dr. Michael Petz** (SoSe 2014)

Begleitendes Skript zur Vorlesung "Lebensmittelchemische Grundlagen - vom Phänomen zur Erkenntnis", in der den Bachelor-Studenten die Grundlagen der Lebensmittelchemie vermittelt wurden.

- (2) **https://www.chemie.fu-berlin.de/medi/suppl/mensch.html** (Zugriff: 04.01.16)

Diese Seite der Freien Universität Berlin bietet den Studenten der Biologie und Medizin einen Überblick über viele chemische Prozesse und Charakteristika des menschlichen Körpers. Darunter die Elementverteilung und Substanzklassen, aus denen der Körper besteht, aber auch Informationen über Wasserhaushalt, Ausscheidungsprodukte und vieles mehr.

- (3) Chemie – Das Basiswissen der Chemie; C.E. **Mortimer**, U.Müller; 8.Auflage; Georg Thieme Verlag; 2003, Kap. 34

Lehrbuch der Chemie, welches für Studierende die wichtigsten chemischen Grundlagen wiederholt. Es ist sehr übersichtlich aufgebaut und liefert zudem Übungsaufgaben, Grafiken und Beispiele. Am Anfang eines jeden Kapitels gibt es eine inhaltliche Zusammenfassung des in dem Kapitel behandelten Themas.

- (4)
  http://www.chemgapedia.de/vsengine/vlu/vsc/de/ch/12/oc/vlu_organik/stereoch emie/fischer.vlu.html (Zugriff: 04.01.16)

In über 1.700 Lerneinheiten auf 18.000 Seiten findet man dort das Wissen zur Chemie und angrenzenden Wissenschaften. Mit ca. 25.000 Medienelementen und 900 Übungen angereichert, bietet die ChemgaPedia ein multimediales und interaktives Lernerlebnis mit fachlich geprüften Inhalten.

- (5) **http://www.spektrum.de/lexikon/ernaehrung/fettverdauung/3001** (Zugriff: 04.01.16)

Spektrum.de bietet den Zugang zu Online-Lexika vom Spektrum Akademischer Verlag. Die Onlineversion der Lexika ermöglicht eine werkübergreifende Recherche und das bequeme Verfolgen von internen Verweisen - schnell und weltweit abrufbar.

- (6) **http://www.chemie.de/lexikon/Vitamine.html** (Zugriff: 04.01.16)

- (7) **http://www.chemie.de/lexikon/Mineralstoff.html** (Zugriff: 04.01.16)

- (8) **http://www.chemie.de/lexikon/Iod-Kaliumiodid-L%C3%B6sung.html** (Zugriff: 04.01.16)

Das chemie.de Lexikon bietet dem Leser Artikel zu 34.608 Stichworten aus Chemie, Pharmazie und Materialwissenschaften sowie verwandten naturwissenschaftlichen Disziplinen.

<u>Weitere:</u>

- **Tausch**, M.W., von Wachtendonk, M. (Hsrg): Chemie 2000+, Sekundarstufe II, C.C. Buchners Verlag, Bamberg 2004

Dieses Buch ist als Schulbuch für die Oberstufe ausgelegt. Da es ein Gesamtband ist, beinhaltet es die die komplette Oberstufenchemie. Das Buch ist in sieben Kapitel aufgeteilt. Dazu gehören Aromastoffe, Vom Erdöl zu Anwendungsprodukten, Stoffkreisläufe, Vom Rost zur Brennstoffzelle, Konzentrationsbestimmungen, Von Erdöl zum Plexiglas, Vom Blattgrün zum Farbmonitor und vom Frühstücksei zum Lifestyle.

- **Wikipedia**

Wikipedia ist eine frei zugängliche, nicht-kommerzielle Online-Enzyklopädie, die auf den Beiträgen nicht-professioneller bzw. nicht-bezahlter Autoren beruht und sich durch Werbung finanziert. Jeder Nutzer kann Beiträge verfassen und ändern, wobei seine IP-Nummer gespeichert wird, um Missbrauch zu vermeiden. Der Bereich der Artikel zur Chemie ist (noch) häufig unzureichend ausgebaut, grundlegende Informationen und weiterführende Links lassen sich aber zu den meisten Themen finden.

- **Professor Blumes** Medienangebot, URL: **http://www.chemieunterricht.de**

Der „Bildungsserver zur Chemie" - vom emeritierten Prof. Blume begründet – wird mittlerweile vom Cornelsen-Verlag betrieben, die Inhalte werden aber weiterhin durch Blume und ehem. Mitarbeiter gepflegt, allerdings nicht mehr so häufig aktualisiert. Die Seite ist immer noch eine „Fundgrube" für chemische Experimente im Schulunterricht und z.T. kuriose Hintergrundinformationen, ist allerdings eher unübersichtlich aufgebaut. Die Suche im Serverinhalt ist für das Finden von Informationen auch nicht immer sehr hilfreich.

- **Brandl**, H: Ein Gummibärchen im „flammenden Inferno" in Praxis der Naturwissenschaften – Chemie in der Schule, Aulis-Verlag Deubner, Köln, 5/44 (1995), S.26.

Der Artikel enthält Anregungen wie Schülern/innen den hohe Energiegehalt von Zucker anhand des spektakulären Gummibärchenversuchs vermitteln werden kann.

- **Dittmer**, M: „Proteine" in Praxis der Naturwissenschaften – Chemie in der Schule, Aulis-Verlag Deubner, Köln, Heft 2 (2011), S.27.

Der Artikel enthält einen Überblick über Struktur und Funktion der Proteine und einige Anwendungsvorschläge für die Einbringung des Themas im Unterricht.

- **Hermanns**, J: „Snoep verstandig - eet een appel" in Praxis der Naturwissenschaften – Chemie in der Schule, Aulis-Verlag Deubner, Köln, Heft 3 (2013), S.23.

Der Artikel erläutert die Geschichte des Ernährungsbewusstseins anhand des Beispiels des Apfels. Es werden einige Versuche vorgestellt, die rund um den Apfel im Chemieunterricht angewendet werden können.

- **Seilnacht,** http://www.seilnacht.com/Lexikon/Lebensmi.htm

Es handelt sich dabei um ein Online Chemie Lexikon, bei dem alphabetisch sortiert derzeit 1358 Stichwörter nachgeschlagen werden können. Die Seite ist eine didaktische Internetseite für Naturwissenschaften und den Unterricht. Alle Texte sind von Thomas Seilnacht verfasst.

- **Kernlehrplan** für die Realschule in Nordrhein-Westfalen, Fach Chemie, Stand 07.07.2011

Kompetenzorientierte Kernlehrpläne sind ein zentrales Element in einem umfassenden Gesamtkonzept für die Entwicklung und Sicherung der Qualität schulischer Arbeit. Sie bieten allen an Schule Beteiligten Orientierungen darüber, welche Kompetenzen zu bestimmten Zeitpunkten im Bildungsgang verbindlich erreicht werden sollen, und bilden darüber hinaus einen Rahmen für die Reflexion und Beurteilung der erreichten Ergebnisse.

6.1 Bilderverzeichnis

Alle Online-Bildquellen zuletzt aufgerufen am 06.01.2016

- (1) https://www.dge.de/ernaehrungspraxis/vollwertige-ernaehrung/ernaehrungskreis

- (2) https://de.wikipedia.org/wiki/Fischer-Projektion

- (3) http://www.komm-ins-beet.mpg.de/bilder/nachwachsende-rohstoffe/amylose-und-amylopektin.jpg/image_view_fullscreen

- (4) https://upload.wikimedia.org/wikipedia/commons/thumb/7/7d/Overview_proteinogenic_amino_acids-DE.svg/2000px-Overview_proteinogenic_amino_acids-DE.svg.png

- (5) http://www.chemgapedia.de/vsengine/vlu/vsc/de/ch/8/bc/vlu/proteine/proteinaufbau.vlu/Page/vsc/de/ch/8/bc/proteine/aminos_u_einleit/sekundaerstruktur.vscml.html

- (6) http://www.chemieunterricht.de/dc2/milch/images/fettbldg.gif

- (7) http://www.u-helmich.de/bio/cytologie/02/021/Lipide/Lipide-03.html

- (8) http://gesundheit.naanoo.de/wp-content/uploads/2014/09/vitamin-c-strukturformel.jpg

7. Anhang

Arbeitsblätter

<table>
<tr><td>Lipide – Fette und fette Öle</td></tr>
<tr><td>Name: Datum:</td></tr>
</table>

Die Geschichte des Olivenöls und die moderne Kalt-Extraktion

Schon um 6000 v. Chr. kannten die Menschen auf Kreta den Olivenbaum und schätzten seine wohlschmeckenden Früchte. Von dort aus gelangte er auf das griechische Festland und wurde im gesamten Mittelmeerraum sehr beliebt und gezielt angebaut. Früher waren Oliven noch wesentlich kleiner und besaßen weniger Fruchtfleisch als heute, dennoch wurden sie auf vielfältige Art eingesetzt. So aß man sie nicht nur, man presste ihr Fleisch mitsamt dem Kern mit großer Kraft aus, sodass ihr samtiges Öl gewonnen werden konnte. Dieses wurde zwar in Küchen verwendet, diente aber vor allem als Salben und als Brennstoff zur Beleuchtung. Der römische Naturforscher Plinius stellte fest, dass es zwei Flüssigkeiten sind, die dem menschlichen Wohlbefinden dienen: der Wein innerlich und das Olivenöl äußerlich. Gutes Olivenöl gilt noch immer als besonderes Luxusgut, schon wie vor tausenden von Jahren.

Oliven wurden und werden heute noch in **Pressen** zerdrückt, bis sie ihr Öl freigeben. Anders ist es bei anderen Pflanzenölen, die aus Nüssen und Samen gewonnen werden. Diese Öle werden mittels **Extraktion** gewonnen, die heute am häufigsten angewandte Methode zur Ölherstellung. Bei der Extraktion werden Öle aus dem Zellverband der Pflanzenzellen mit Hilfe eines Lösungsmittels herausgelöst. Dabei müssen die Zellwände aufgebrochen werden, sodass das Lösungsmittel ungehindert eindringen kann. Dies geschieht durch Zerkleinern und Zerdrücken der Samen oder Nüsse, zusammen mit einer Menge des Lösungsmittels. Nach einiger Zeit wird die Flüssigkeit abfiltriert und das Filtrat erhitzt, sodass das Lösungsmittel abdampfen kann, bis nur noch das Pflanzenöl zurückbleibt. Öle, die auf diese Weise hergestellt werden, werden später als *raffinierte Pflanzenöle* im Supermarkt verkauft.

<u>**Versuch: Öl durch Kalt-Extraktion**</u>

Aufgabe:

Stelle mit Hilfe der Informationen, die du aus dem Text erhalten hast, eine Versuchsvorschrift zur Gewinnung von Pflanzenöl auf. Benutze dabei ausschließlich die vorgegebenen Chemikalien und Materialien. Führe den Versuch anschließend mit deiner Gruppe durch und notiere deine Beobachtungen.

<u>Chemikalien/Materialien:</u>

n-Heptan (Sdp. 98 °C), verschiedene Pflanzensamen, Mörser, Trichter, Filterpapier, 200 mL Becherglas, Rührfisch, Heizplatte

<u>Sicherheitsaspekte:</u>

n-Heptan (C_7H_{16}) ist hochentzündlich und gesundheitsgefährdend! Schutzbrille aufsetzen! Abdampfen des Lösungsmittels nur unter dem Abzug!

<u>Geplante Durchführung:</u>

____
____
____
____
____
____

<u>Beobachtungen:</u>

____
____
____
____
____
____

<table>
<tr><td colspan="2">Kohlenhydrate</td></tr>
<tr><td>Name:</td><td>Datum:</td></tr>
</table>

<u>Woher der Name Kohlenhydrate stammt</u>

Aufgabe 1:

Beschreibe stichpunktartig die Beobachtungen, die du während des Erhitzens der verschiedenen Kohlenhydrate (Glucose, Haushaltszucker, Stärke, Cellulose) machen konntest.

____

____

____

Aufgabe 2:

Erkläre warum die Beobachtungen des Versuchs ausreichen, um die Richtigkeit der Bruttoformel der Kohlenhydrate zu unterstützen. Schreibe zunächst die Formel in das dafür vorgesehene Feld.

Bruttoformel: ___________________________

____

____

____

Aufgabe 3:

Die folgenden drei Kohlenhydrate haben mehr gemeinsam, als man zunächst glauben mag. Recherchiere in einem Medium deiner Wahl was es mit diesen Stoffen auf sich hat, sodass du die Tabelle vollständig ausfüllen und die oben genannte Behauptung kommentieren kannst.

	Glucose	Fructose	Saccharose
Formel / Struktur			
Vorkommen			
Verwendete Quelle			

<table>
<tr><td colspan="2">Kohlenhydrate</td></tr>
<tr><td>Name:</td><td>Datum:</td></tr>
</table>

Der Iod-Stärke-Nachweis

<u>Chemikalien/Materialien</u>:

Einige Milliliter der Lugolschen Lösung (Kaliumtriiodid), Pipette, Reagenzglasständer, Reagenzgläser, Bunsenbrenner, Lebensmittelproben (Brot, Kartoffel, Reis, Nudeln, Apfel, Zuckerwürfel etc.)

<u>Sicherheitsaspekte</u>:

Schutzbrille aufsetzen! Lebensmittel im Labor sind nicht zum Essen da!

<u>Durchführung</u>:

Nimm einige Lebensmittel mit an deinen Platz und tropfe mit der Pipette etwas Lugolsche Lösung auf die jeweilige Probe. Halte deine Beobachtungen in der dazu vorgesehenen Tabelle fest.

Tipp: Für ein schöneres, eindeutigeres Ergebnis kannst du Lösungen der jeweiligen Lebensmittelproben ansetzen. Gib dazu die Probe zusammen mit etwas Wasser in ein Reagenzglas und erhitze es kurz mit dem Bunsenbrenner. Tropfe anschließend die Lugolsche Lösung direkt in das Reagenzglas.

<u>Beobachtungen</u>:

Lebensmittel (-Lösung)	Farbe vor dem Versuch	Farbe nach dem Versuch

<u>Aufgabe</u>:

Zähle einige kohlenhydratreiche Lebensmittel auf und erläutere deren Position in dem Ernährungskeis.

<u>Struktur und Aufbau der Stärke</u>

Aufgabe 1:

Lies den folgenden Text und ergänze dabei die fehlenden Begriffe. Benutze diese:

Stärke, Amylose, Lugolschen Lösung, Polyiodid-Ketten, Iod, Glucose-Einheiten, Stärke, Amylose, Polysaccharid

Stärke ist ein Kohlenhydrat, genauer noch ein ________________, welches sich aus vielen miteinander verknüpften ________________ zusammensetzt. Diese Verknüpfungen können in unterschiedlicher Form vorliegen. Dadurch besteht __________ zu 20-30 % aus der spiralförmigen Amylose und zu 70-80 % aus stark verzweigtem Amylopektin.

Beim wechselseitigen Nachweis von __________

und __________ findet eine Einschlussverbindung

statt. In der ________________

liegen Polyiodid-Ketten vor, die sich in die Spirale

der ____________ einlagern können.

Durch diesen Einschluss der ________________

in die ____________ bildet sich das tiefblaue Produkt, der sogenannte Iod-Stärke-Komplex.

Aufgabe 2:

Erkläre warum sich dieser Versuch zum Nachweis von Stärke und nicht von Glucose eignet.

____

____

____

____

____

<u>**Versuch: Öl durch Kalt-Extraktion**</u> *(Musterlösung)*

Aufgabe:

Stelle mit Hilfe der Informationen, die du aus dem Text erhalten hast, eine Versuchsvorschrift zur Gewinnung von Pflanzenöl auf. Benutze dabei ausschließlich die vorgegebenen Chemikalien und Materialien. Führe den Versuch anschließend mit deiner Gruppe durch und notiere deine Beobachtungen.

Chemikalien/Materialien:

n-Heptan (Sdp. 98 °C), verschiedene Pflanzensamen, Mörser, Trichter, Filterpapier, 200 mL Becherglas, Rührfisch, Heizplatte

Sicherheitsaspekte:

n-Heptan (C_7H_{16}) ist hochentzündlich und gesundheitsgefährdend! Schutzbrille aufsetzen! Abdampfen des Lösungsmittels nur unter dem Abzug!

Geplante Durchführung:

Es werden einige Pflanzensamen (darunter Sonnenblumen- und Kürbiskerne) mit reichlich n-Heptan in einem Mörser vorsichtig zerrieben. Nach ein paar Minuten wird die Flüssigkeit in ein Becherglas abfiltriert und das Filtrat mit Rührfisch auf einer Heizplatte erhitzt, bis das Lösungsmittel abgedampft ist.

Beobachtungen:

Das farblose Filtrat beginnt bei einer Temperatur von knapp 98-100 °C zu verdampfen. Nach einer Viertelstunde ist die meiste Flüssigkeit in die Gasphase übergangen und es bleiben einige Tropfen gelben Öls zurück, die einen angenehm nussigen Geruch aufweisen.

<u>Woher der Name Kohlenhydrate stammt</u> *(Musterlösung)*

Aufgabe 1:

Beschreibe stichpunktartig die Beobachtungen, die du während des Verbrennens der verschiedenen Kohlenhydrate (Glucose, Haushaltszucker, Stärke, Cellulose) machen konntest.

Glucose: wird flüssig, wird bräunlich, riecht süß, Rauchbildung, Watesmo-Papier wird blau.
Haushaltszucker: wird flüssig, wird bräunlich, riecht süß, Rauchbildung, Watesmo-Papier wird blau.
Stärke: schwarzer Feststoff, unangenehmer Geruch, Rauchbildung, Watesmo-Papier wird blau.
Cellulose: schwarzer Feststoff, Kamingeruch, starke Rauchbildung, Watesmo-Papier wird blau

Aufgabe 2:

Erkläre warum die Beobachtungen des Versuchs ausreichen, um die Richtigkeit der Bruttoformel der Kohlenhydrate zu unterstützen. Schreibe zunächst diese Formel in das dafür vorgesehene Feld.

Bruttoformel: $C_x(H_2O)_y$

Es ist bekannt, dass alle Kohlenhydrate diese Formel aufweisen, demnach alle aus Kohlen-, Wasser- und Sauerstoff bestehen. Das Watesmo-Papier wird nach dem Test blau, was bedeutet, dass bei der Reaktion Wasser entstanden ist. Die schwarzen Rückstände im jeweiligen Reagenzglas, sowie die schwarze Rauchbildung sprechen für das Entstehen bzw. Vorhandensein von Kohlenstoff.

Aufgabe 3:

Die folgenden drei Kohlenhydrate haben mehr gemeinsam, als man zunächst glauben mag. Recherchiere was es mit diesen Stoffen auf sich hat, sodass du die Tabelle vollständig ausfüllen und die oben genannte Behauptung kommentieren kannst.

	Glucose	Fructose	Saccharose
Formel / Struktur	$C_6H_{12}O_6$	$C_6H_{12}O_6$	$C_{12}H_{22}O_{11}$
Vorkommen	Obst, Süßigkeiten	Obst, Süßigkeiten	Obst, Süßigkeiten
Verwendete Quelle	-----	-----	-----

<table>
<tr><td colspan="2">Kohlenhydrate</td></tr>
<tr><td>Name:</td><td>Datum:</td></tr>
</table>

Der Iod-Stärke-Nachweis *(Musterlösung)*

<u>Chemikalien/Materialien</u>:

Einige Milliliter der Lugolschen Lösung, Pipette, Reagenzglasständer, Reagenzgläser, Bunsenbrenner, Lebensmittelproben (Brot, Kartoffel, Reis, Nudeln, Apfel, Zuckerwürfel etc.)

<u>Sicherheitsaspekte</u>:

Schutzbrille aufsetzen! Lebensmittel im Labor sind nicht zum Essen da!

<u>Durchführung</u>:

Nimm einige Lebensmittel mit an deinen Platz und tropfe mit der Pipette etwas Lugolsche Lösung auf die jeweilige Probe. Halte deine Beobachtungen in der dazu vorgesehenen Tabelle fest.

Tipp: Für ein schöneres, eindeutigeres Ergebnis kannst du Lösungen der jeweiligen Lebensmittel-proben ansetzen. Gib dazu die Probe zusammen mit etwas Wasser in ein Reagenzglas und erhitze es kurz mit dem Bunsenbrenner. Tropfe anschließend die Lugolsche Lösung direkt in das Reagenzglas.

<u>Beobachtungen</u>:

Lebensmittel (-Lösung)	Farbe vor dem Versuch	Farbe nach dem Versuch
Kartoffel (roh)	gelblich-weiß	schwarz
Nudel-Lösung	weiß	blau
Reis-Lösung	weiß	blau
Weißbrot (roh)	gelblich-weiß	schwarz
Apfel (roh)	gelblich-weiß	gelblich-weiß
Zuckerwürfel	weiß	gelblich-weiß

<u>Aufgabe</u>:

Kartoffeln, Nudeln, Reis und Weißbrot enthalten viele Kohlenhydrate. Diese Lebensmittel bilden den Hauptbestandteil der menschlichen Ernährung, weil sie gute Energielieferanten darstellen.

Struktur und Aufbau der Stärke *(Musterlösung)*

Aufgabe 1:

Lies den folgenden Text und ergänze dabei die fehlenden Lücken. Benutze dazu die Begriffe:

Stärke, Amylose, Lugolschen Lösung, Polyiodid-Ketten, Iod, Glucose-Einheiten, Stärke, Amylose, Polysaccharid

Stärke ist ein Kohlenhydrat, genauer noch ein *Polysaccharid*, welches sich aus vielen miteinander verknüpften *Glucose-Einheiten* zusammensetzt. Diese Verknüpfungen können in unterschiedlicher Form vorliegen. Dadurch besteht *Stärke* zu 20-30 % aus der spiralförmigen Amylose und zu 70-80 % aus stark verzweigtem Amylopektin.

Beim wechselseitigen Nachweis von *Iod* und *Stärke* findet eine Einschlussverbindung statt. In der *Lugolschen Lösung* liegen Polyiodid-Ketten vor, die sich in die Spirale der *Amylose* einlagern können.

Durch diesen Einschluss der *Polyiodid-Ketten* in die *Amylose* bildet sich das tiefblaue Produkt, der sogenannte Iod-Stärke-Komplex.

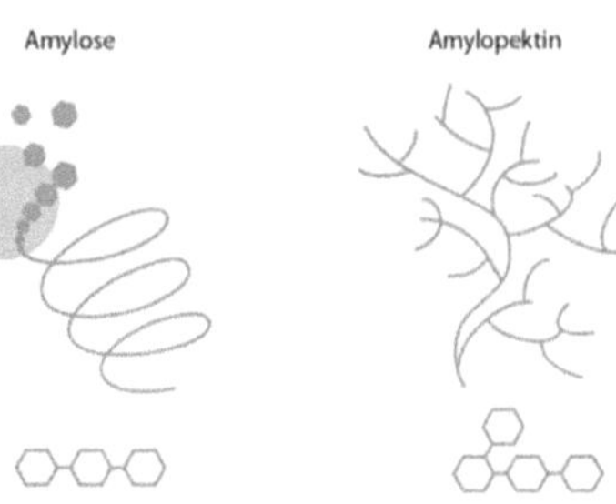

Aufgabe 2:

Erkläre warum sich dieser Versuch ausschließlich zum Nachweis von Stärke eignet.

Der Versuch ist zum Nachweis der Stärke geeignet, da sie zu 20-30 % aus Amylose besteht. Amylose ist spiralförmig aufgebaut und bietet durch ihre Struktur die Gelegenheit, dass sich die Polyiodid-Ketten, die in der Lugolschen Lösung enthalten sind, in die Spirale einlagern können. Andere Kohlenhydrate besitzen diese Eigenschaft nicht, da sie weder Amylose besitzen, noch eine spiralförmige Struktur aufweisen.

Tafelbilder
Tafelbild Kohlenhydrate [Doppelstunde zum Thema Kohlenhydrate]

	Monosaccharide	Oligosaccharide	Polysaccharide
Zusammensetzung	Einfachzucker	Mehrfachzucker (Verknüpfung von zwei bis acht Monosaccharid-Molekülen)	Vielfachzucker (durch Polykondensation aus Monosacchariden)
Löslichkeit in Wasser	löslich	löslich	schlecht / nicht löslich
Geschmack / Geruch	süßlich	süßlich	neutral
Beispiele	Glucose Fructose Galactose	Saccharose (besteht aus einer Bindung zwischen einem Glucose- und einem Fructose-Molekül), Lactose (besteht aus einer Bindung zwischen einem Galactose- und einem Glucose-Molekül)	Stärke (Kette vieler Glucose-Moleküle), Cellulose (ebenfalls Kette vieler Glucose-Moleküle, mit einer anderen Verknüpfung)
Vorkommen	Obst, Honig, Süßigkeiten	Obst, Gemüse (Rüben), Algen, Pilze, Milch	Pflanzen allgemein

Kurzprotokolle
<u>Von Christoph Höveler:</u>

Gummibärenhölle

<u>Quelle</u>

http://netexperimente.de/chemie/3.html

<u>Ziel des Versuchs</u>

Dieser Versuch kann trotz seines „Show" Charakters in unterschiedliche Themengebiete einleiten. Er soll einerseits die Motivation und Neugier steigern, anderseits auch die Freude am chemischen Versuch wecken.

<u>Durchführung</u>

Es werden ca. 5 g Kaliumchlorat im Reagenzglas über dem Bunsenbrenner geschmolzen. Danach gibt man ein Gummibärchen vorsichtig hinzu.

<u>Chemikalien, Material und Sicherheit</u>

Kaliumchlorat [$KClO_3$] (s), Gummibärchen (z.B. Haribo Goldbären), Bunsenbrenner, Stativ mit Muffe und Klammer, Reagenzglas (vorzugsweise Duran)

Kaliumchlorat ist brandfördernd und gesundheitsschädlich. Das Tragen von

Schutzbrille und Handschuhen ist dringend erforderlich.

<u>Beobachtung</u>

Das kristalline weiße Pulver beginnt unter Wärme zufuhr zu schmelzen. Nach kurzer Zeit ist es komplett verflüssigt. Das hinzugegebene Gummibärchen verbrennt unter lila-blauem Aufglühen. Hierbei ist ein lautes Zischen zu hören und das Bärchen „springt" im Reagenzglas auf und ab.

<u>Fachliche Auswertung</u>

Kaliumchlorat disproportioniert ab ca. 400 °C zu Kaliumchlorid und Kaliumperchlorat, welches dann rasch in Sauerstoff und Kaliumchlorid zerfällt.

$$4\ KClO_3\ (s) \rightarrow 3\ KClO_4\ (s) + KCl\ (l)$$

$$3\ KClO_4\ (s) \rightarrow 6\ O_2\ (g) + 3\ KCl\ (l)$$

Das Kaliumchlorat reagiert mit der Gelatine des Gummibärchens unter Feuererscheinung zu Kohlenstoffdioxid und Wasser. Die dabei entstehenden Gase, Kohlenstoffdioxid, Stickoxide und Wasserdampf, reißen das Gummibärchen ein wenig in die Höhe und bewirken so einen Tanzeffekt beim sich wiederholenden Vorgang.[8]

<u>Didaktische Auswertung</u>

Dieser Versuch darf nur von der Lehrkraft, am besten im Abzug durchgeführt werden. Obwohl der Fokus bei diesem Experiment auf dem Show-Effekt liegt, ist es brauchbar um verschiedene Kompetenzbereiche zu fördern, wie zum Beispiel der Umgang mit Fachwissen, z.B. wie Kaliumchlorat mit organischen Stoffen unter Hitzezufuhr reagiert, oder die der Kommunikation, wenn in der Gruppe über den Versuch gesprochen wird.

In den Unterricht einbringen lässt sich die Gummibären Hölle etwas im Inhaltsfeld 2. Die SuS beobachten eine Reaktion bei der Energie frei wird. Die Basiskonzepte Energie können hier sehr anschaulich abgedeckt werden.[9]

Leuchtende Gummibärchen

<u>Quelle</u>

Experiment des Monats, von Axel Schunk

<u>Ziel des Versuchs</u>

Mit diesem Versuch soll den SuS die Allgegenwärtigkeit von chemischen Substanzen und Farbstoffen bewusstwerden sowie das Phänomen der Fluoreszenz lebensweltnah einführen.

<u>Durchführung</u>

Verschiedenfarbige Gummibären werden in dunkler Umgebung mit UV-Licht bestrahlt.

<u>Chemikalien, Material und Sicherheit</u>

Gummibären verschiedener Hersteller (Haribo ist ungeeignet), UV-Lampe

<u>Beobachtung</u>

Die gelben Gummibären einzelner Hersteller leuchten blaugrün. Es leuchtet nur so lange wie man es bestrahlt.

---

[8] http://www.uni-oldenburg.de/fileadmin/user_upload/chemie/ag/didaktik/download/Schauexperimente.pdf
[9] Kernlehrplan für die Realschule in Nordrhein-Westfalen

<u>Fachliche Auswertung</u>

Der Lebensmittelfarbstoff E101, bzw. Vitamin B_2 zeigen fluoreszierende Eigenschaften[10]. Moleküle emeritieren Lichtquanten, wenn sie angeregt werden, um wieder ihr „normales" Energieniveau zu erreichen. Dies geschieht, wenn ein zunächst angeregtes Elektron wieder in seinen ursprünglichen Grundzustand zurückfällt. Liegt die Differenz zwischen angeregtem und Grundzustand im Bereich des für uns sichtbaren Lichts, leuchtet die Probe auf. [11]

<u>Didaktische Auswertung</u>

Thematisch fällt die Fluoreszenz in die Sekundarstufe 2. Didaktisch reduziert und rein phänomenologisch betrachtet könnte es bereits im Inhaltsfeld 9 der Sekundarstufe 1 von den SuS durchgeführt und besprochen werden. In diesem geht es explizit um die Zusatzstoffe in Lebensmittel, wovon einer in diesem Versuch nachgewiesen wird. Somit könnte man neben dem korrekten Arbeiten in der Chemie an einem lebensweltnahen Versuch auch ein Wissensgewinn generieren lassen.[12] Auch Anwendbar ist dieser Versuch in ersten Lernjahr um die Eigenschaften von Stoffe anschaulich darzulegen, wobei hier auf die didaktische Reduktion geachtet werden muss.

Tollens-Probe

<u>Quelle</u>

- **Tausch**, M.W., von Wachtendonk, M. (Hsrg): Chemie 2000+, Sekundarstufe II, C.C. Buchners Verlag, Bamberg 2004

<u>Ziel des Versuchs</u>

Dieser Versuch soll auf anschauliche Art und Weise Aldehyd-Gruppen nachweisen.

<u>Durchführung</u>

In einem Reagenzglas werden 5 mL Silbernitrat-Lösung tropfenweise mit Natronlauge versetzt bis ein schwarzbrauner Niederschlag entsteht. Dann wird Ammoniak-Lösung hinzugetropft bis der Niederschlag gerade eben wieder verschwindet. Dieses TOLLENS-Reagenz wird unter dem Abzug mit ein paar Tropfen Ethanal-Lösung versetzt und im Wasserbad erwärmt.

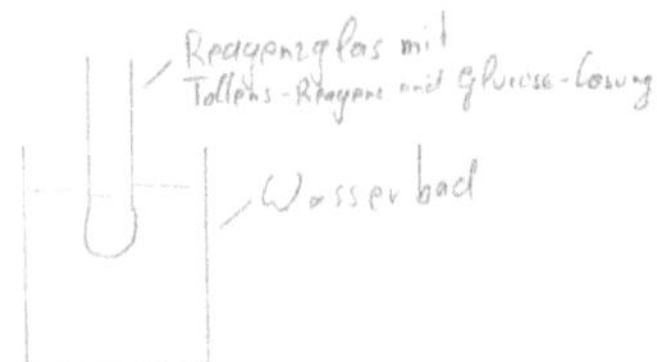

<u>Chemikalien, Material und Sicherheit</u>

Silbernitratlösung w=5 %, Ammoniak-Lösung w=3 %, Natronlauge w=10 %, Ethanal-Lösung

Silbernitrat: $AgNO_3$ (l)

---

[10] https://de.wikipedia.org/wiki/Riboflavin
[11] Tausch, Sek. 2, S. 285
[12] Kernlehrplan für die Realschule in Nordrhein-Westfalen

Ammoniak: NH_3 (l)

Kaliumhydroxid: KOH (s)

Silber(I)-oxid: Ag_2O (s)

<u>Beobachtung</u>

Nach Zugabe von Natronlauge zur Silbernitrat-Lösung bildet sich ein brauner Niederschlag, der sich nach weiterer Zugabe von Ammoniak-Lösung wieder auflöst. Beim Erhitzen scheidet sich an der Reagenzglaswand ein silbrig glänzender, spiegelähnlicher Niederschlag ab.

<u>Fachliche Auswertung</u>

Beim Versetzen einer Silbersalz-Lösung mit Laugen fällt zunächst Silber(I)-oxid (s) über die Zwischenstufe Silberhydroxid (s) aus.

$2 Ag^+$ (aq) + 2 OH$^-$ (aq) $\rightarrow 2$ AgOH (s) $\rightarrow Ag_2O$ (s) + H_2O (l)

Das Silberoxid ist schlecht in wasserlöslich und fällt aus. Wird hierzu Ammoniak gegeben, löst sich das braune Silberoxid unter Bildung eines Diamin-Komplexes auf.

Ag_2O (s) + 4 NH_3 (aq) + H_2O (l) $\rightarrow$ 2 $[Ag(NH_3)_2]^+$ (aq) + 2 OH$^-$ (aq)

Der Diamin-Silber(I)-Komplex ist wasserlöslich.

Bei dem Nachweis von Aldehyden werden Silber-Ionen zu elementarem Silber reduziert, während der Aldehyd (Ethanal) zur Gluconsäure oxidiert wird. Das bei der Reaktion entstandene elementare Silber scheidet sich an der Wand des Reaktionsgefäßes ab.[13]

$$CH_3CHO + 2 [Ag(NH_3)_2]^+ + 2 OH^- \longrightarrow CH_3COOH + 2 Ag + 4 NH_3 + H_2O$$

<u>Didaktische Auswertung</u>

Dieser Versuch ist in das Inhaltsfeld 8 der Sekundarstufe 1 einzuordnen. Hier werden grundlegende Konzepte der Organische Chemie und die Funktionelle Gruppe Hydroxygruppe eingeführt. Falls sich hier etwas Zeit ergibt könnte mithilfe dieses Versuch eine weitere funktionelle Gruppe thematisiert werden. Da der Umgang mit Silbernitrat-Lösung nicht unproblematisch was die Fleckenbildung betrifft ist, sollte dieser Versuch entweder von der Lehrkraft selbst, oder angeleitet von einem Schüler als Demonstration-Versuch gezeigt werden. Neben dem Fachwissen der organischen Chemie lernen die SuS zudem eine neue Nachweisreaktion.[14]

---

[13] www.chids.de/dachs/praktikumsprotokolle/PP0206Silberspiegel.pdf
[14] Kernlehrplan

Herleitung „Kohlenhydrat"

<u>Quelle</u>

http://www.chemieunterricht.de/dc2/kh/

<u>Ziel des Versuchs</u>

Der Versuch soll experimentell den Begriff „Kohlenhydrat" begreifbar machen.

<u>Durchführung</u>

In je einem Reagenzglas werden Zucker, Stärke und Papier mit dem Bunsenbrenner erhitzt.

– Reagenzglas

– Papier

– Brenner

<u>Chemikalien, Material und Sicherheit</u>

Reagenzglas, Reagenzglashalter, Zucker, Stärkepulver, Papier, Bunsenbrenner, Watesmopapier

<u>Beobachtung</u>

Zucker: Der Zucker beginnt zu schmelzen und wird bräunlich. Es entsteht ein süßlicher Geruch. Nach dem Erkalten bleibt eine feste schwarze Substanz im Reagenzglas zurück. Im oberen Bereich des Reagenzglases bilden sich wenige Tropfen einer farblosen Flüssigkeit.

Stärke: Die Stärke wird schnell schwarz. Es raucht stark, die Reagenzglaswand beschlägt. Nach dem erkalten bleibt ein schwarzer Stoff zurück. Im oberen Bereich des Reagenzglases bilden sich wenige Tropfen einer farblosen Flüssigkeit.

Papier: Das Papier fängt Feuer und verbrennt. Es bleibt eine schwarze Substanz zurück. Im oberen Bereich des Reagenzglases bilden sich wenige Tropfen einer farblosen Flüssigkeit.

<u>Fachliche Auswertung</u>

Kohlenhydrat bedeutet übersetzt so viel wie „Verbindung zwischen Wasser und Kohlenstoff". Sowohl Zucker, Stärke als auch Papier sind aus denselben Elementen aufgebaut. Mithilfe von weißem Kupfersulfat oder Watesmopapier lassen sich die Tröpfchen im Reagenzglas als Wasser identifizieren. Der Kohlenstoff lässt sich optisch aufgrund seiner charakteristischen Farbe identifizieren.[15]

<u>Didaktische Auswertung</u>

Der Versuch kann in dem Inhaltsfeld 2 zum Schwerpunkt Verbrennung eingesetzt werden und von den SuS selbst durchgeführt werden. Da dieses Feld früh im ersten Lernjahr behandelt wird geht es in

---

[15] Prof. Blumes Bildungsserver für Chemie, http://www.chemieunterricht.de/dc2/kh/

erster Linie um die Vermittlung von einer sicheren handhabe beim Experimentieren im Chemieunterricht sowie das kennenlernen eines Nachweisexperiments.[16]

Die Eiweißverdauung, ein Modellversuch

<u>Quelle</u>

Prof. Blumes Bildungsserver für Chemie

<u>Ziel des Versuchs</u>

Dieser Versuchsaufbau soll sehr stark reduziert die Verdauung von Proteinen im Magen skizzieren. Die SuS sollen die Bedeutung von Säuren und Enzymen in diesem Zusammenhang verstehen.

<u>Durchführung</u>

In 3 Reagenzgläser werde etwa gleichviel Wasser/Eiweiß-Lösung gegeben. In das erste Reagenzglas werde Salzsäure hinzugegeben, in das zweite eine Pepsin-Lösung und in das dritte Glas zuerst etwas Salzsäure und dann die Pepsin-Lösung.

<u>Chemikalien, Materialien und Sicherheit</u>

Verdünnte Salzsäure (w = 3,7 %), Pepsin-Lösung (w = ca. 1-2 %), Wasser/Eiweiß-Lösung (zu je gleichen Anteilen), Reagenzgläser

<u>Beobachtung</u>

Die Zugabe der Salzsäure bewirkt ein Ausfallen von weißen Flocken. Im Dritten Reagenzglas lässt sich nach dem Ausfällen und der Zugabe von Pepsin ein Auflösen dieser Flocken beobachten. In der Probe Nummer 2 erkennt man keine Veränderung.

<u>Fachliche Auswertung</u>

Äußere Einflüsse wie Säuren, Basen, Salze oder extreme Temperaturen können mögliche Ursachen für die Eiweißdenaturierung sein. Hierbei findet eine zumeist irreversible Veränderung der Proteinstruktur statt. Bei der Denaturierung verändert sich nur die Primär- und Sekundärstruktur, die Aminosäuren Reihenfolge im Protein bleibt unverändert.

In diesem Versuch wird das Eiweiß durch die Zugabe von Säure denaturiert, welches man durch das Ausflocken beobachten konnte.

Pepsin ist ein im Magen wirksames Enzym. Seine Wirksamkeit hängt neben der Temperatur auch vom dem umgegebenen pH-Wert ab. Bei einem Wert zwischen 1,5 und 3 ist die Aktivität am höchsten. Das Enzym zerlegt denaturierte Eiweißstrukturen in deren Bestandteile.

<u>Didaktische Auswertung</u>[17]

Abgesehen von der Möglichkeit zur fachübergreifenden Vernetzung kann dieser Versuch sehr früh in der Sekundarstufe 1 angebracht werden. Das Thema Speisen gilt unter anderem als ein Kontext, indem die SuS Stoffeigenschaften, Eigenschaftsänderungen, Aggregatzustände, Lösungsvorgänge und Ordnungsprinzipien für Stoffe kennenlernen. Des Weiteren wird die physiologische

---

[16] Kernlehrplan für die Realschule in Nordrhein-Westfalen
[17] Beruhend auf dem Kernlehrplan Chemie an Realschulen in NRW

Nahrungsverwertung thematisiert. Übergeordnetes Inhaltsfeld ist das Feld 1, Stoffe und Stoffeigenschaften. Doch auch zum späteren Zeitpunkt, zum Thema Säuren (Inhaltsfeld 6) ließen sich neue Erkenntnisse aus diesem Experiment ziehen. Neben dem Einüben des Umgangs mit Laborutensilien wird das Verständnis vom eigenen Körper gesteigert.

Säuren als Antioxidationsmittel

<u>Quelle</u>

„Snoep verstandig – eet een appel" von J. Hermanns

<u>Ziel des Versuchs</u>

Die SuS sollen die praktische Anwendung von Antioxidationsmittel am Beispiel Apfel kennenlernen und verstehen.

<u>Durchführung</u>

Ein frischer Apfel wird zerteilt. Auf eine der beiden Schnittflächen wird ein wenig Salzsäure gegeben. Die beiden Flächen werden für ca. eine halbe Stunde in regelmäßigen Abstand auf ihre Farbe hin untersucht.

<u>Chemikalien, Materialien und Sicherheit</u>

Apfel, Verdünnte Salzsäure

<u>Beobachtung</u>

Die Schnittfläche des unbehandelten Apfels verfärbt sich nach kurzer Zeit unappetitlich braun. Die mit Salzsäure behandelte Seite verändert ihre Optik nicht.

<u>Fachliche Auswertung</u>[18]

Substanzen, denen es gelingt, sauerstoffempfindliche Chemikalien vor der sauerstoffbedingten Oxidation zu bewahren, heißen Antioxidantien. Zerteilen wir einen Apfel, zerstören wir so seine natürliche Schutzschicht gegenüber äußeren Einflüssen. Die Autoxidation beginnt. Salzsäure dient in diesem Versuch als Reduktionsmittel, wird also selbst oxidiert, welches ein sehr niedriges Redox-Potenzial hat und somit den Apfel schützt.

<u>Didaktische Auswertung</u>

Ein bekanntes Phänomen aus der Alltagswelt der SuS zu untersuchen sicher erstens die Aufmerksamkeit dieser und baut die Hemmschwelle vor dem Fach Chemie ab. Deswegen ist dieser Versuch recht früh in der Sekundarstufe 1 anzusiedeln, zum Beispiel im Inhaltsfeld 2 unter Einbeziehung der Oxidation um es dann wenig später im Inhaltsfeld 4 mit den Konzepten der Reduktion und Reduktionsmittel erneut zu thematisieren.

---

[18] Prof. Blumes Bildungsserver für Chemie

Kalt-Extrahiertes Öl

<u>Quelle</u>

Prof. Blumes Bildungsserver für Chemie

<u>Ziel des Versuchs</u>

Die praktische Anwendung eines Trennverfahrens soll demonstriert werden.

<u>Durchführung</u>

Ein paar Pflanzensamen werden mit etwa doppelter Volumenmenge Heptan im Mörser zerrieben. Anschließend filtriert man die Flüssigkeit ab und lässt das Lösemittel verdampfen (ggf. vorsichtig erhitzen).

<u>Chemikalien, Materialien und Sicherheit</u>

Mörser, Trichter, Filterpapier, Becherglas, Wasserbad, Pflanzensamen (z. B. Leinölsamen, Sonnenblumenkerne), Heptan

Heptan ist leicht flüchtig und brennbar, weswegen hier unter dem Abzug gearbeitet werden sollte.

<u>Beobachtung</u>

Nach dem Verdampfen des Lösemittels bleibt eine ölige Substanz zurück. Gibt man diese ölige Substanz auf ein Stück weißes Papier, erscheint dieses Stelle milchig durchsichtig.

<u>Fachliche Auswertung</u>

Öle lösen sich nur in lipophilen / organischen / unpolaren Lösemitteln. Durch das Mörsern werden die Zellwände der Samenkerne aufgebrochen und das darin enthaltene Öl löst sich im Heptan. Nachdem die zermahlenen Kerne im Filter zurückbleiben und das Lösemittel verdampft ist, bleibt reines Pflanzenöl zurück.

<u>Didaktische Auswertung</u>

Da der Versuch von SuS selbst durchgeführt werden kann, dient er zum einen sehr gut zum praktischen Erwerb der Kenntnisse zur Durchführung eines weiteren Trennverfahrens, zum anderen wird der Herstellungsprozess der Pflanzenölgewinnung und damit einhergehend mögliche Probleme wie Verunreinigungen / Pestizide selbst offenbar. Mit Betonung des zweiten Aspekts wäre dieser Versuch im zweiten Lernjahr im Inhaltsfeld 8, Stoffe als Energieträger, einzubringen.

Stärkenachweis in Lebensmitteln

<u>Quellen</u>

- Skript Schulorientiertes Experimentieren I – Anorganische Chemie; spezielle Informationen HRGe WS 2014/15; Geänderte/Ergänzende Versuchsvorschriften

- Prof. Blumes Bildungsserver für Chemie

<u>Ziel des Versuchs</u>

Die SuS sollen alltägliche stärkehaltige Lebensmittel benennen und ggf. eine Nachweisreaktion zur Überprüfung selbstständig durchführen können.

<u>Durchführung</u>

Mithilfe der lugolschen Lösung werden verschiedene Lebensmittelproben auf möglicherweise enthaltene Stärke überprüft. Lebensmittelproben wie etwa Nudeln oder Reis werden vor Zugabe der Lösung kurz aufgekocht.

<u>Chemikalien, Materialien und Sicherheit</u>

Lugolsche Lösung, verschiedene Lebensmittelproben

<u>Beobachtung</u>

Farbveränderung / Probe	Rohe Kartoffel; Schnittfläche	Nudeln	Reis	Apfel	Zucker
Vorher	Gelblich	Weiß	Weiß	Gelblich	Weiß
Nachher	Schwarz	Blau	Blau	Gelblich	weiß

<u>Fachliche Auswertung</u>

Iod und Amylose gehen eine Einschlussverbindung ein, wobei sich in tiefblauer Iod-Stärke-Komplex bildet. In den spiralförmigen Aufbau der Amylose-Struktur lagern sich Polyiodid-Anionen ein, aufgrund von Ion-Dipol-Wechselwirkungen. Die in der Lugolschen Lösung befindlichen Polyiodid-Anionen bilden einen Komplex welcher angeregt die Lösung braun erscheinen lässt.

In Verbindung mit Stärke dient diese als Donator-Molekül, was letztlich zur Blaufärbung des Iod-Stärke-Komplexes führt.

<u>Didaktische Auswertung</u>

Die SuS lernen eine Substanz durch eine Nachweisreaktion zu charakterisieren. Zudem werden die Bestandteile und deren Aufbau von Stärke thematisiert. Der alltagsnahe Bezug sichert Aufmerksamkeit und Motivation. Eine fächerübergreifende Vernetzung mit Blickpunkt „Gesunde Ernährung" bietet sich im Umfeld des Experiments an. Da der Versuch selbst nicht schwer durchzuführen ist, kann er von den SuS selbstständig durchgeführt, ggf. selbst geplant werden und sollte im ersten Lernjahr stattfinden.

Eigelb als Emulgator

<u>Quellen</u>

- Chemie 2000+, Sek II Gesamtband,

- Webseite von Bernd Leitenberger (Lebensmittelchemiker)

<u>Ziel des Versuchs</u>

Mithilfe eines ungefährlichen Lebensmittels soll der Begriff und die Funktionsweise von Zusatzstoffen erklärt werden. Des Weiteren soll verstanden werden, was eine Emulsion ist.

<u>Durchführung</u>

In ein Reagenzglas, welches zu gleichen Teilen mit Wasser und Speiseöl gefüllt ist werden einige Tropfen Eigelb eines Hühnereis gegeben. Beide Ansätze werden verschlossen und kräftig geschüttelt, anschließend beobachtet.

<u>Chemikalien, Materialien und Sicherheit</u>

Reagenzglas, Hühnerei, Speiseöl

<u>Beobachtung</u>

Im Reagenzglas bilden Wasser und Öl ein zwei Phasengemisch, wobei das Öl (deutlich erkennbar an der gelblichen Farbe) oben ist. Wird dies Glas geschüttelt, so trennen sich nach kürzester Zeit die beiden Phasen wieder.

Mit nur ein paar Tropfen Eigelb bildet sich beim Schütteln eine gleichmäßige, leicht gelbliche Phase, die sich auch nach längerem Lagern nicht entmischt.

<u>Fachliche Auswertung</u>

Das im Eigelb enthaltene Lecithin dient als Emulgator, sprich als Phasenvermittler zwischen Wasser und Öl, bzw. polarer und unpolarer Phase. Emulgatoren zeichnen sich durch diese Fähigkeit aus, da sie sowohl einen hydrophilen als auch einen hydrophoben Teil besitzen. Sie sammeln sich an der Grenzschicht zwischen den beiden Phasen und stabilisieren so die Emulsion.

Öl und Wasser mischen sich auch trotz intensiver mechanischer Einwirkung nicht miteinander, da sie unpolare und polare Substanzen sind. Der Phasenvermittler aus dem Eigelb sorgt für die Mischbarkeit.

<u>Didaktische Auswertung</u>

Zusatzstoffe, insbesondere E-Nummern, haben keinen guten Ruf. Gerade aber durch den Einsatz von Eigelb, welches das in der Industrie viel verwendete (aber anders gewonne) Lecithin enthält, kann dieser Abneigung entgegengewirkt werden. Zudem lernen die SuS die Begriffe unpolar / polar, hydrophil / hydrophob bzw. lipophil / lipophob und werden in die Herstellung von Mayonnaise eingeweiht, was durch Alltagsnähe die Motivation sichert. Diesen Versuch können die SuS selbständig durchführen.

Quellen (Alle online verfügbare Quellen zuletzt aufgerufen am 13.12.2015)

- Prof. Blume; http://www.chemieunterricht.de/
- http://www.chemieunterricht.de/dc2/kh/
- Dr. Reiß; www.chids.de/dachs/praktikumsprotokolle/PP0206Silberspiegel.pdf
- Wikipedia; https://de.wikipedia.org/wiki/Riboflavin
- Kernlehrplan für die Realschule in Nordrhein-Westfalen, Fach Chemie, Stand 07.07.2011
- Tausch, von Wachtendonk: Chemie 2000+, Sekundarstufe 2, C.C. Buchner Verlag, Bamberg 2007
- Universität Oldenburg; http://www.uni-oldenburg.de/fileadmin/user_upload/chemie/ag/didaktik/download/Schauexperimente.pdf
- http://netexperimente.de/chemie/3.html
- http://www.axel-schunk.de/experiment/edm1510.html

Eiweißverdauung:

- http://www.chemieunterricht.de/dc2/milch/v-pepsin.htm
- http://www.chemieunterricht.de/dc2/katalyse/k-prote.htm

Kernlehrplan:

- http://www.schulentwicklung.nrw.de/lehrplaene/upload/klp_SI/RS/Chemie/RS_Chemie_Endfassung.pdf

Antioxidation:

- „Snoep verstandig – eet een appel" von J. Hermanns, erschienen PDN Chemie 3 / 62, 2013
- http://www.chemieunterricht.de/dc2/asch2/a-antiox.htm

Öl:

- http://www.chemieunterricht.de/dc2/haus/v039.htm

Iod:

- http://www.chemieunterricht.de/dc2/mwg/g-iodsta.htm
- Skript Schulorientiertes Experimentieren I – Anorganische Chemie; spezielle Informationen HRGe WS 2014/15; Geänderte/Ergänzende Versuchsvorschriften

Eigelb:

- http://www.bernd-leitenberger.de/zusatzstoffe-emulgatoren.shtml
- M.Tausch, von Wachtendonk: Chemie 2000+, Sek II Gesamtband, S.356

Erstellung einer experimentorientierten Unterrichtseinheit

Thema: Unsere Lebensmittel (Projekt)

Wintersemester 2015/16

Laura Wirths

---

1) Woher stammt der Name „Kohlenhydrate"?

Quelle: Prof. Blumes Medienangebot – http://www.chemieunterricht.de/dc2/grundsch/versuche/gs-v-075.htm (letzter Zugriff: 28.11.15)

Skizze:

Sicherheitsaspekte:

Unter dem Abzug durchführen.

Ziel des Experiments:

Das Experiment stellt die Stoffgruppe der Kohlenhydrate vor und zeigt vereinfacht, dass es sich bei dieser um Verbindungen aus Anteilen von gebundenem Kohlenstoff und „Wasser" handelt.

Drei trockene Reagenzgläser werden mit drei unterschiedlichen Proben versehen. Das Erste mit einem Stück Filterpapier, das Zweite mit etwa 2 cm hoch Glucose, das Dritte etwa 2 cm hoch mit Stärkepulver. Die Proben werden im jeweiligen Reagenzglas erhitzt, ohne, dass die Flamme selbst die Proben berührt. Die optischen Veränderungen werden notiert und eine Geruchsprobe vorgenommen. Anschließend wird ein Streifen Watesmo-Papier über die Reagenzglasinnenwand gestrichen und die Beobachtungen festgehalten.

Beobachtung:

Folgende Tabelle gibt Auskunft über die Beobachtungen, die während des Verbrennens festgestellt werden konnten:

	optische Beobachtungen	Geruch	Flüssigkeit	Watesmo-Probe
Filterpapier	starke Rauchentwicklung, färbt sich schwarz	Kamingeruch	braune Tropfen an der unteren Glaswand	Blaufärbung
Glucose	starke Rauchentwicklung, blubbert stark, wird braun und zähflüssig	riecht süßlich, typischer Karamellgeruch	Beschlag an Glaswand	Blaufärbung
Stärke	sehr dunkler Rauch, färbt sich schwarz	stechend/starker Geruch	gelbliche Tropfen an der Glaswand	Blaufärbung

Fachliche Auswertung:

Bei dem Versuch konnte beobachtet werden, dass das Filterpapier und die Stärke ähnlichere Eigenschaften während des Verbrennens aufweisen, als die Glucose. Durch die Blaufärbung des Watesmo-Papiers wurde außerdem das Vorhandensein von Wasser nach dem Versuch nachgewiesen. Kohlenhydrate oder Saccharide sind eine der bedeutsamsten Stoffklassen und bilden zusammen mit den Fetten und Proteinen den größten verwertbaren Anteil der Nahrung. In erster Linie dienen Kohlenhydrate der Rolle des Energieträgers, machen aber ebenfalls einen bedeutsamen Teil der pflanzlichen Fotosynthese aus. Zu unterscheiden sind sie wiederum in Monosaccharide,

Disaccharide, Oligosaccharide, welche einen süßlichen Geschmack/Geruch vorweisen und allgemein als Zucker bezeichnet werden und Polysaccharide, die weitesgehend geschmacksneutral sind. Es kann aus dem Versuch geschlussfolgert werden, dass Glucose, da es beim Karamellisieren süßlich riecht, ein Monosaccharid ist und dass das Filterpapier (Cellulose) und Stärke Polysaccharide sind, da sie diese Eigenschaft nicht besitzen.

Die Bruttoformel der meisten Saccharide lautet $C_n(H_2O)_m$, weshalb der Gedanke naheliegt, sie bestünden aus Anteilen des Kohlenstoffs und des Wassers, was auch der Watesmo-Nachweis zeigt. Allerdings ist es nicht richtig anzunehmen, es handle sich bei dieser Stoffgruppe um Hydrate des Kohlenstoffs. Aus diesem Grund wurde der Begriff Kohlenhydrate in seiner abgewandelten Form seit dem 19. Jahrhundert verwendet. Abweichend dieser Bruttoformel existieren auch andere Kohlenhydrate, weshalb die allgemeine Definition lautet, dass, sofern ein Stoff mindestens eine Aldehyd- bzw. Ketogruppe und mindestens zwei Hydroxygruppen aufweist, es sich bei diesem um ein Kohlenhydrat handelt.

<u>Didaktische Auswertung:</u>

Die Schülerinnen und Schüler lernen die Kohlenstoffe als Bestandteil ihres Alltags kennen und welche Verbindungen sich hinter diesem Namen verbergen. Außerdem kann der Unterschied zwischen Mono-, Di-, Oligo- und Polysacchariden vorgestellt und am jeweiligen Beispiel der Glucose, Stärke oder Cellulose vertieft werden. Wegen der starken Rauchbildung sollte der Versuch unter dem Abzug durchgeführt werden und somit höchstens als Schüler-Demonstrationsversuch eingesetzt werden. Es ist allerdings auch möglich die Reagenzgläser mit Ballons zu verschließen, wodurch der Rauch aufgefangen werden könnte, wodurch das Experminet auch als Schülerversuch durchgeführt werden könnte. Der Versuch kann dem Inhaltsfeld 2 mit dem Schwerpunkt der Verbrennung im ersten Lernjahr eingesetzt werden .

<u>2) Die Silberspiegelprobe</u>

Quelle: Quelle: Schulorientiertes Experimentieren I – Anorganische Chemie; spezielle Informationen HRGe WS 2014/15; Geänderte/Ergänzende Versuchsvorschriften

Quelle: www.chids.de/dachs/wiss_hausarbeiten/...Gerner/.../tollens_probe.pdf (letzter Zugriff: 28.11.15)

<u>Skizze:</u>

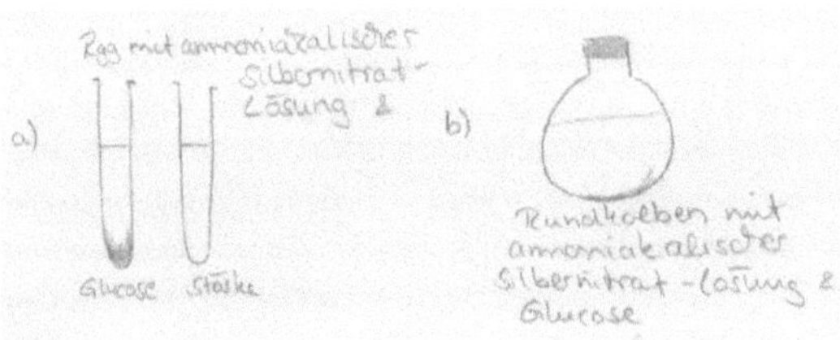

<u>Sicherheitsaspekte:</u>

Silbernitrat: GHS – 03, 05, 09; H: 272-314-410; P: 273-280-301+330+331-305+351+338+309+310
Ammoniak: GHS – 04, 05, 06, 09; H: 221-331-314-400; P: 210-260-280-273-304+340
303+361+353, 305+351+338-315-377-381-405-403
Kaliumhydroxid: GHS – 05, 07; H: 302-314; P: 280-301+330+331-305+351+338-309+310
Silber(I)-oxid: GHS – 03, 05; H: 272-314; P: 210-301+330+331-305+351+338-309+310

<u>Ziel des Experiments:</u>

Es wird eine Nachweisreaktion für Zucker bzw. Aldehyde vorgestellt, womit der Zuckergehalt in Lebensmitteln untersucht werden kann.

<u>Durchführung:</u>

a) In zwei Reagenzgläser werden je 5 mL Silbernitrat-Lösung gegeben, zu der jeweils so lange Ammoniak-Lösung hinzugegeben wird, bis sich der Niederschlag, der sich gebildet hat, gerade wieder auflöst. Ist dies geschehen, werden die ausgewählten organischen Proben (hier: Glucose-Lösung und Stärke-Lösung) in je eins der Reagenzgläser gegeben. Beide Reagenzgläser werden im

Wasserbad bei ca. 60 °C erwärmt und die Beobachtungen notiert.

b) In einem Rundkolben wird Silbernitrat-Lösung mit einigen Kaliumhydroxid-Plätzchen versetzt und Ammoniak-Lösung hinzugegeben, bis sich der Niederschlag, der sich bebildet hat, gerade wieder auflöst. Glucose-Lösung wird hinzugegeben, der Rundkolben verschlossen und kräftig geschüttelt.

Beobachtungen:

a) In der ersten Probe mit dem Zusatz der Glucose-Lösung bildet sich ein schwarzer Niederschlag am Boden des Reagenzglases. Wird das Reagenzglas bewegt, erscheint der Boden im silbernen Glanz. In der zweiten Probe mit dem Zusatz der Stärke-Lösung bildet sich kein solcher Niederschlag.

b) Zunächst zeigte sich bei Zugabe der Glucose-Lösung überhaupt keine Veränderung. Auch nach kräftigem Schütteln bildeten sich bloß einige silbrig-glänzende Flocken des Niederschlags (wahrscheinlich zurückzuführen auf eine zu gering konzentrierte Silbernitrat-Lösung).

Fachliche Auswertung:

Die Silberspiegel- oder auch Tollensprobe ist eine Nachweisreaktion für Aldehyde, wie z.B. im Glucose-Molekül vorhanden, bzw. reduzierende funktionelle Gruppen. Im hier durchgeführten Versuch konnten demnach Aldehyd-Gruppen in der Glucose-Lösung, doch nicht in der Stärke-Lösung durch den silbrigen Niederschlag nachgewiesen werden. Dabei wird Ammoniak-Lösung so lange in Silbernitrat-Lösung getropft, bis sich der zunächst entstehende Niederschlag von Silber(I)-oxid in den Diamminsilber(I)-Komplex umgesetzt hat und damit das sogenannte Tollensreagenz entstanden ist. Wird nun eine Probe hinzugegeben, die unter Anderem auch Aldehydgruppen vorweisen kann, fällt der Nachweis durch eine Fällung von elementarem Silber positiv aus. Dabei färbt sich die Lösung schwarz und die Glasinnenwand erhält einen spiegelnden Belag. Während Silber(I)-Ionen zu elementarem Silber reduziert werden, oxidiert Glucose zu Gluconsäure:

$$\text{Red.: } \overset{+I}{Ag^+} + e^- \rightarrow \overset{0}{Ag}$$
$$\text{Ox.: } C_5H_{11}O_5\text{-}CHO + H_2O \rightarrow C_5H_{11}O_5\overset{+III}{C}OOH + 2H^+ + 2e^-$$
$$\text{Ges.: } 2\,Ag^+_{(aq)} + C_5H_{11}O_5\text{-}CHO_{(aq)} + H_2O_{(l)} \rightarrow C_5H_{11}O_5\text{-}COOH_{(aq)} + 2H^+_{(aq)} + 2\,Ag_{(s)}$$

<u>Didaktische Auswertung:</u>

Durch diesen Versuch wird den Schülerinnen und Schülern eine weitere Nachweisreaktion vorgestellt, die sogar von den Jugendlichen selbst durchgeführt werden könnte, sofern die Lösungen im Vorfeld bereits von der Lehrkraft angesetzt wurden. Es kann in das Inhaltsfeld 8, also der 9. bzw. 10. Klasse eingeordnet werden und grundlegende Konzepte der organischen Chemie bzw. der funktionellen Gruppe der Hydroxygruppen vermitteln. Zum Verständnis des Versuchs könnte eine kurze Auffrischung des Themas „Redoxreaktionen" ebenfalls beitragen. Ansonsten ist dieser Versuch für die Schülerinnen und Schüler sehr interessant und weckt ihr Interesse. Gerade zur Weihnachtszeit kann der Versuch wie in b) von der Lehrkraft erfolgreich demonstriert und als Baumschmuck-Versuch vorgestellt werden, sodass ein Alltagsbezug geschaffen wird. Dazu sollten in jedem Fall höher konzentrierte Lösungen verwendet werden, damit das Ergebnis auch optisch reizvoll wird.

3) Der Iod-Stärke-Komplex

Quelle: Quelle: Schulorientiertes Experimentieren I – Anorganische Chemie; spezielle Informationen HRGe WS 2014/15; Geänderte/Ergänzende Versuchsvorschriften

Quelle: http://www.chemieunterricht.de/dc2/mwg/g-iodsta.htm (letzter Zugriff: 28.11.15)

<u>Skizze:</u>

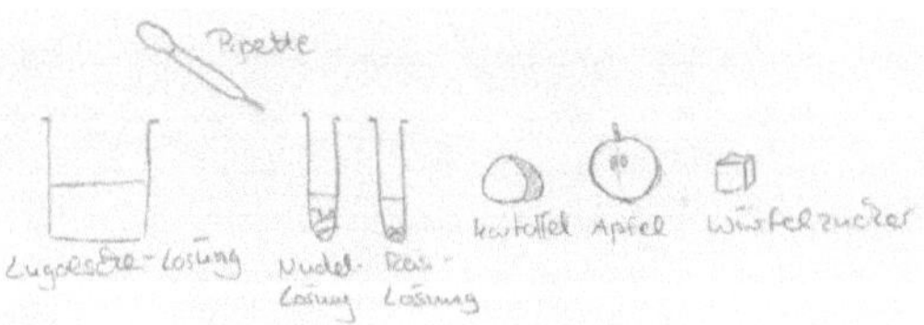

<u>Sicherheitsaspekte:</u>

Iod: GHS – 07, 09; H: 332-312-400; P: 273-302+352

<u>Ziel des Experiments:</u>

Durch dieses Experiment wird die Struktur von Stärke erarbeitet, sowie auch eine Nachweisreaktion für eben diese eingeführt. Außerdem wird auf diesem Weg ermittelt, welche untersuchten Lebensmittel Stärke enthalten und welche nicht.

<u>Durchführung:</u>

In einem 100 mL Becherglas werden einige Iod-Schuppen in verdünnter Kaliumiodid-Lösung gelöst. Die so hergestellte Iod-Kaliumiodid-Lösung wird anschließend auf einige Proben getropft und Beobachtungen notiert. Zu diesen Proben gehören eine rohe Kartoffel, Lösungen aus gekochten Nudeln und Reis, sowie ein Apfel und ein Stück Würfelzucker.

<u>Beobachtungen:</u>

Folgende Tabelle gibt Auskunft über die Beobachtungen während der Zugabe der Iod-Kaliumiodid-Lösung:

	Kartoffel (roh)	**Nudel-Lösung**	**Reis-Lösung**	**Apfel**	**Zucker**
Farbe vorher	gelblich-weiß	weiß	weiß	gelblich-weiß	weiß
Farbe nachher	schwarz	blau	blau	Keine Veränderung	Keine Veränderung

<u>Fachliche Auswertung:</u>

Der Versuch zeigt durch die Blaufärbung einiger Proben (darunter Kartoffeln, Nudeln, Reis), dass in diesen Stärke vorhanden ist. Der wechselseitige Nachweis von Iod und Stärke (Amylose) begründet sich durch eine Einschlussverbindung, wobei sich der tiefblaue Iod-Stärke-Komplex bildet. Bei dieser Reaktion lagern sich Polyiodid-Anion, z.B. $[I_5]^-$, in die Spiralen der Amylose ein, welche sich aus Iodid-Ionen und Iod-Molekülen bilden. Ein $[I_5]^-$-Ion ist ein gewinkeltes Assoziat von zwei Iod-Molekülen an ein zentrales Iodid-Ion, wobei das Iodid-Ion ein Elektronendonator ist. Die Elektronen des Komplexes sind leicht anregbar, wodurch die Lösung braun erscheint. Wird diese sogenannte Lugolsche Lösung mit ihren Polyiodid-Anionen mit Amylose in Verbindung gebracht, kann diese als Donator-Molekül fungieren, was dann letztlich zur Blaufärbung des so entstandenen Iod-Stärke-Komplexes führt.

Didaktische Auswertung:

Die Schülerinnen und Schüler lernen Stärke und ihre Struktur kennen. Der Versuch kann bereits stark vereinfacht im Inhaltsfeld 1 des ersten Lernjahrs im möglichen Kontext „Speisen und Getränke" bzw. „Spurensuche" oder „Stoffe des Alltags" eingesetzt werden. Darüber hinaus kann neben dem hier auftauchenden Begriff der Amylose, Amylopektin als weiterer Bestandteil der Stärke vorgestellt werden. Wesentlich aber ist, dass der Stärkegehalt der untersuchten Lebensmittel entdeckt und der Umgang mit Laborutensilien, sofern als Schülerversuch durchgeführt, geschult wird. Dabei sollten die Lösungen bereits von der Lehrkraft vorbereitet worden sein.

4) Nachweis von Eiweißstoffen durch Denaturierung

Quelle: Prof. Blumes Medienangebot - http://www.chemieunterricht.de/dc2/grundsch/eier/experim.htm (letzter Zugriff: 28.11.15)

Skizze:

Eiklas & Wasser
a)
Wasserbad
b)
Gasbrenner
Pipette mit Eiklar
c)
Essigsäure
Ethanol

Sicherheitsaspekte:

Essigsäure: GHS – 02, 05; H: 226-314; P: 280-301+330+331-307+310-305+351+338
Ethanol: GHS – 02; H: 225; P: 210

<u>Ziel des Experiments:</u>

Dieses Experiment stellt drei Nachweisreaktionen für Eiweiß in Eiklar vor. Durch Fällung zeigt sich, dass sowohl Hitze, Säure und auch Alkohol diesen Nachweis liefern können.

<u>Durchführung:</u>

a) Ein Ei wird aufgeschlagen und das Eiklar vom Eigelb getrennt. Ein Wasserbad wird auf etwa 40 °C erwärmt und das Eiklar hineingegeben. Es wird so lange weiter erwärmt, bis das Eiklar ausfällt.
b) Es wird etwas Eiklar in Essigsäure gegeben.
c) Es wird etwas Eiklar in Ethanol gegeben.

<u>Beobachtungen:</u>

In allen Versuchen wird das zähflüssige Eiklar weiß und fest:
a) Es zieht sich wie ein weißer Schleier durch das Wasser.
b) Der weiße Niederschlag ist klumpig und befindet sich größtenteils am Boden des Reagenzglases.
c) Der weiße Niederschlag ist klumpig und befindet sich im ganzen Reagenzglas

<u>Fachliche Auswertung:</u>

a) Das Eiklar aus dem Hühnerei besteht aus gleich mehreren Eiweißstoffen. Diese bestehen aus Makromolekülen, also aus einer Vielzahl Aminosäuren. Diese Moleküle sind wie lange Ketten aufgebaut, die bei starker Hitze ihre Sekundärstruktur verlieren, da starke Wasserstoff-Brücken ausgebildet werden können, die in Wechselwirkung miteinander treten.
b) Die Essigsäure beeinflusst die Wasserhüllen der gelösten Eiweiß-Moleküle und ebenso ihre strukturgebenden Bindungen. Die Eiweiße denaturieren.
c) Auch Ethanol entzieht den gelösten Eiweiß-Moleküle Wasser aus ihrer Wasserhülle. Sie sind ebenfalls nicht mehr löslich und irreversibel denaturiert.

<u>Didaktische Auswertung:</u>

Die Schülerinnen und Schüler lernen Eiweiß als einen weiteren Hauptbestandteil ihrer alltäglichen Nahrung und mögliche Nachweisreaktionen für diesen kennen. Sie erkennen in diesem Versuch des Denaturierens von Eiweiß das alltägliche Phänomen des Eierkochens wieder. Auch hier kann der Versuch bereits im Inhaltsfeld 1 des ersten Lernjahrs Anwendung finden, indem die „dauerhafte Eigenschaftsänderung von Stoffen" im Kontext zu „Speisen und Getränken" demonstriert wird. Dieser Versuch kann, sofern Säure und Alkohol gering konzentriert vorliegen, problemlos als Schülerversuch eingesetzt werden, sodass der sichere Umgang mit Laborutensilien geübt werden kann. Dies wiederum kann belehrend in den Bezug zur Verdauung von Eiweißen oder der Auswirkung von Alkohol auf den menschlichen Körper gesetzt werden.

<u>5) Eigelb als Emulgator</u>

Quelle: M.Tausch, von Wachtendonk: Chemie 2000+, Sek II Gesamtband, S.356

Quelle: http://www.bernd-leitenberger.de/zusatzstoffe-emulgatoren.shtml (letzter Zugriff: 28.11.15)

<u>Skizze:</u>

<u>Ziel des Experiments:</u>

Durch diesen Versuch kann der Begriff Emulgator anschaulich und frei von Gefahren vorgestellt werden. Es soll demonstriert werden, dass ein solcher Emulgator dazu in der Lage ist, zwei zunächst unmischbare Flüssigkeiten letztlich mischbar zu machen.

Durchführung:

Das Eiklar eines Hühnereis wird vom Eigelb getrennt. In ein Reagenzglas wird zu gleichen Teilen Wasser und Speiseöl gegeben und das Aussehen des Gemischs untersucht. Das Reagenzglas wird verschlossen, geschüttelt und das Aussehen erneut untersucht. Zuletzt wird etwas Eigelb zu der Mischung gegeben und das Reagenzglas wieder geschüttelt. Die Beobachtungen werden notiert.

Beobachtungen:

Speiseöl und Wasser liegen in zwei farblosen Phasen vor. Wird das Reagenzglas heftig geschüttelt, vermischen sich die beiden Phasen zeitweise, doch schon nach kurzer Zeit haben sie sich wieder getrennt. Nach der Zugabe des Eigelbs und weiteren Schüttelns, färbt sich der Inhalt des Reagenzglases leicht gelblich und beide Phasen sind miteinander vermischt. Auch noch nach einiger Zeit liegt nur noch eine Phase vor, während sich aber sichtbar etwas Eigelb auf dem Boden des Reagenzglases abgesetzt hat.

Fachliche Auswertung:

Emulgatoren sind Phasenvermittler, das bedeutet, sie können zwei Phasen miteinander verbinden, die sonst getrennt bleiben würden. Hier liegen Speiseöl und Wasser in zwei farblosen, voneinander getrennten Phasen vor, da die eine Flüssigkeit einen unpolaren und die andere einen polaren Charakter aufweist und beide nicht miteinander mischbar sind. Eigelb besteht größtenteils aus Lipiden, Proteinen und Wasser, eigentlich unmischbaren Komponenten. Allerdings besitzt es auch in geringen Mengen die Emulgatoren Lecithin und Cholin, die alle Bestandteile zu einer einzigen Phase vereint. Alle Emulgatoren bestehen aus einem hydrophilen und einem lipophilen Teil, sodass, wird ein Emulgator in ein Wasser-Öl-Gemisch gegeben, sich seine Moleküle so anordnen, dass der hydrophile Teil in die Wasserphase eintaucht und der lipophile in die Ölphase. Die Moleküle sammeln sich an der Grenzschicht zwischen Wasser und Öl an und stabilisieren so die Emulsion. Aus diesem Grund wird Eigelb auch als Emulgator z.B. bei der Mayonnaise-Herstellung eingesetzt.

<u>Didaktische Auswertung:</u>

Dieser Versuch kann dem Inhaltsfeld 9 im letzten Lernjahr zugeordnet werden. Der Begriff des Emulgators kann dabei überleitend in das Thema der „Tenside" wirken. Die Schülerinnen und Schüler lernen eine weitere praktische Anwendungsmöglichkeit für Eier kennen, ebenso, wie die Funktionsweise eines Emulgators. Sie kennen bereits das Phänomen von der Mayonnaise-Herstellung und wiederholen die Begriffe hydrophil/hydrophob, lipophil/lipophob. Eventuell beziehen sie das Gelernte auf weitere Alltagsphänomene, so kann Milch als ein weiteres Beispiel für eine Emulsion genannt werden. Der Versuch ist ungefährlich und kann problemlos als Schülerversuch durchgeführt werden.

Erstellung einer experimentorientierten Unterrichtseinheit
Thema: Unsere Lebensmittel (Projekt)
Wintersemester 2015/16

Laura Wirths

---

6) Modellversuch zur Eiweißverdauung

Quelle: Prof. Blumes Medienangebot – http://www.chemieunterricht.de/dc2/grundsch/versuche/gs-v-075.htm (letzter Zugriff: 08.12.15)

Skizze:

Chemikalien, Materialien und Sicherheitsaspekte:

Salzsäure: GHS – 05, 07; H: 290-314-335; P: 234-260-304+340-303+361+353 305+351+338-309+311-501

Pepsin: GHS – 07, 08; H: 315-319-334-335; P: P305+P351+P338-P342+P311-P304+P341-P302+P352

Zwei Reagenzgläser, Becherglas, Heizplatte

Ziel des Experiments:

Das Experiment demonstriert den Vorgang der Eiweißverdauung im tierischen, also auch menschlichen Magen. Dabei wird wie auch in Versuch 4) Eiweiß durch Ansäuern denaturiert und die Spaltung von Eiweißstoffen durch das Enzym Pepsin gezeigt.

<u>Durchführung:</u>

Zwei Reagenzgläser werden jeweils mit etwa 5 mL Milch gefüllt und Pepsin-Pulver in Wasser gelöst (w = 5 %). Eines der Reagenzgläser wird anschließend zusätzlich mit etwas Salzsäure $(c = 1\ \frac{mol}{L})$ versetzt und optische Veränderungen notiert. Beide Proben werden in einem Wasserbad auf 37 °C erwärmt. Ist die Temperatur erreicht, werden je 2 mL der Pepsin-Lösung in beide Reagenzgläser gefüllt. Die Veränderungen werden beobachtet und beide Proben abschließend miteinander verglichen.

<u>Beobachtung:</u>

Bei Zugabe der Salzsäure bilden sich große, weiße Flocken in der Milch. Nach dem Erwärmen und der Zugabe der Pepsin-Lösung, beginnt sich der Niederschlag wieder aufzulösen. In der zweiten Probe, ohne vorherige Säurezugabe, ist während des gesamten Versuchs keine Veränderung zu beobachten.

<u>Fachliche Auswertung:</u>

Pepsin ist ein Enzym im Magen von Wirbeltieren, das der Verdauung dient. Wurden Proteine mit der Nahrung aufgenommen, können diese Polypeptide nicht wie z.B. Stärke bereits im Mund in ihre Einzelbausteine zerlegt werden. Sie gelangen vollständig in den Magen, wo sie durch die Magensäure denaturieren. Dann erst kann mit Hilfe von Enzymen, den Peptidasen oder Hydrolasen (hier Pepsin) die Umkehrung des Kondensationsprozesses eintreten, nämlich die Hydrolyse. Diese Reaktion wird zusätzlich von starken Säuren katalysiert, wodurch der Magen das perfekte Umfeld zur Proteinverdauung bietet. Die höchste Aktivität hat das Enzym bei einem pH-Wert zwischen 1.5 und 3, oberhalb von einem pH-Wert von 6 ist es irreversibel inaktiv. Im menschlichen Körper herrscht eine Temperatur um die 37 °C, bei der die Wirksamkeit von Pepsin sehr hoch ist, jedoch würde seine Funktion selbst in einem Medium von bis zu 60 °C nicht beeinträchtigt werden.

<u>Didaktische Auswertung:</u>

Dieser Modellversuch kann als Schülerversuch durchgeführt werden und zeigt anschaulich, welche Abläufe sich im menschlichen Magen bei der Verdauung von Proteinen abspielen. Dabei können Brücken zum Biologieunterricht geschlagen werden, bei der das Thema der Enzyme einen großen Stellenwert hat. Ihr Verständnis für den eigenen Körper wird gesteigert und damit die Motivation. Außerdem wird der Umgang mit Laborutensilien geübt.

7) Gummibärenhölle

Quelle: http://netexperimente.de/chemie/3.html (letzter Zugriff: 10.12.15)

<u>Skizze:</u>

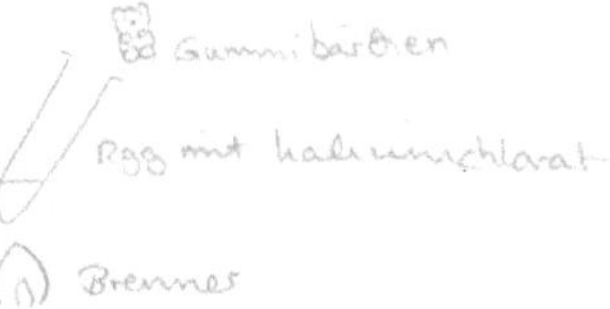

<u>Chemikalien, Materialien und Sicherheitsaspekte:</u>

Unter dem Abzug durchführen!
Kaliumchlorat: GHS – 03, 07, 09; H: 271-332-302-411, P: 210-221-273
Gummibärchen (Haribo Goldbär, hier rot)
Gasbrenner, Stativ, Klammer, Muffe, Reagenzglas

<u>Ziel des Experiments:</u>

Dieser spektakuläre und einfach durchzuführende Versuch wirkt motivationsfördernd und macht neugierig auf die Ursache dieser außergewöhnlichen Reaktion.

In einem Reagenzglas werden 5 – 10 g Kaliumchlorat mit dem Gasbrenner bis zum Schmelzen erhitzt. Sobald das weiße Pulver vollständig geschmolzen ist, wird ein Gummibärchen vorsichtig hinzugegeben.

Beobachtungen:

Das weiße Pulver schmilzt beim starken Erhitzen zu einer leicht siedenden, farblosen Flüssigkeit. Sobald das Gummibärchen in das Reagenzglas gegeben wird, ist ein lautes Zischen zu vernehmen. Das Gummibärchen verbrennt unter starker Rauchbildung und grellem violetten Schein, wobei es im Reagenzglas wild herum springt. Nach der Reaktion bleibt ein bräunlich-schwarzer Rückstand im Reagenzglas zurück, der schon kurz darauf vollständig erstarrt und als Feststoff im Reagenzglas zurückbleibt.

Fachliche Auswertung:

Bei starkem Erhitzen disproportioniert Kaliumchlorat ab etwa 400 °C zu Kaliumchlorid und Kaliumperchlorat. Das Kaliumperchlorat ist dabei so instabil, dass auch dies zu Kaliumchlorid und Sauerstoff zerfällt, der später für die Intensität der Verbrennung sorgt. Wird das Gummibärchen dann auf die Schmelze gegeben, oxidieren die Kohlenstoffatome in der Gelantine und der Glucose unter grellem Aufleuchten zu Kohlenstoffdioxid und Wasser, während im Chlorat Chloratome reduziert werden. Durch die bei der Reaktion entstehenden Gase, Sauerstoff, Kohlenstoffdioxid, Wasserdampf, aber auch durch Nebenreaktionen entstehende Produkte, wird das Gummibärchen im Reagenzglas auf und ab geschleudert. Generell läuft die Reaktion wie folgt ab:

Organische Verbindungen + Kaliumchlorat $\longrightarrow$ Kohlenstoff + Wasser + Stickoxide + Sauerstoff

Didaktische Auswertung:

Dieses Experiment wird als Demonstrationsversuch von der Lehrkraft vorgeführt. Während es einerseits die Motivation der Schülerinnen und Schüler fördert, können weiterhin auch Kompetenzen gestärkt werden. So etwa zur Kommunikation oder Kreativität in einer an den

Versuch anschließenden Diskussion. Außerdem können Inhalte des Inhaltsfelds 2. „Stoff- und Energieumsätze bei chemischen Reaktionen" wiederholt und vertieft werden.

8) Das leuchtende Gummibärchen

Quelle: Axel Schunk: Experiment des Monats; http://www.experimente.axel-schunk.de/edm1510.html (letzter Zugriff: 10.12.15)

Skizze:

Ziel des Experiments:

Durch dieses Experiment kann die Allgegenwärtigkeit chemischer Substanzen und insbesondere Farbstoffen im Alltag verdeutlicht werden. Zudem wird das Phänomen der Fluoreszenz anschaulich präsentiert.

Durchführung:

Ein paar Gummibärchen unterschiedlicher Farbe und Marke werden mit einer UV-Lampe bestrahlt.

Beobachtungen:

Bei dem Bestrahlen einiger Gummibärchen ist nichts zu beobachten. Einige Gelbe hingegen leuchten blaugrün, allerdings bloß so lange, wie sie auch tatsächlich bestrahlt werden.

Fachliche Auswertung:

Der Lebensmittelfarbstoff E101 ($C_{17}H_{20}N_4O_6$), bzw. Vitamin B_2 zeigt fluoreszierende Eigenschaften. Es handelt sich dabei um ein Derivat des Heterozyklus Pteridin. Einige Weingummi-Marken verwenden dabei eben diesen Farbstoff bei der Herstellung ihrer Produkte, wobei einige große, markführende Konzerne nur noch auf natürliche, pflanzliche Farbstoffe zurückgreifen. Bei dem Phänomen der Fluoreszenz kommt es zur spontanen Emission von Licht nach der Anregung eines Materials. Fallen die angeregten Elektronen des Materials in ihren ursprünglichen Grundzustand zurück, wird in der Regel energieärmeres Licht emittiert, als die zuvor absorbierte Energie.

Didaktische Auswertung:

Mit diesem Versuch kann den Schülerinnen und Schülern didaktisch reduziert das Phänomen der Fluoreszenz vorgestellt werden, was eigentlich eher in die Sekundarstufe 2 gehört, allerdings kann es in der Sek 1 vereinfacht im Inhaltsfeld 9 eingesetzt werden. Als Schülerversuch können die Jugendlichen einzelne Gummibärchen untersuchen und anschließend Beobachtungen besprechen. Die in Lebensmitteln enthaltenden Farb- bzw. Zusatzstoffe sollten den Schülerinnen und Schülern bereits ein Begriff sein, sodass der Alltagsbezug die Neugier entfacht. Durch dieses Experiment lernen sie außerdem eine Nachweisreaktion für eben diesen Zusatzstoff kennen.

9) Säuren als Antioxidationsmittel

Quelle: Prof. Blumes Medienangebot - http://www.chemieunterricht.de/dc2/citrone/c_v21.htm (letzter Zugriff: 10.12.15)

Skizze:

Chemikalien, Materialien und Sicherheitsaspekte:

Salzsäure: GHS – 05, 07; H: 290-314-335; P: 234-260-304+340-303+361+353 305+351+338-309+311-501

Ziel des Experiments:

Das Experiment stellt das Phänomen und die Wirkungsweise von Antioxidationsmitteln anhand der Bräunung eines Apfels an der Luft vor.

Durchführung:

Ein Apfel wird geteilt. Auf die eine Apfelhälfte wird Salzsäure gestrichen, die andere bleibt unberührt. Nach einer halben Stunde werden Beobachtungen notiert.

Beobachtungen:

Die Apfelhälfte ohne Säurebehandlung hat sich bräunlich verfärbt. Die Seite mit Säurebehandlung weist keine Veränderungen vor.

Fachliche Auswertung:

Antioxidantien sind Verbindungen, die eine unerwünschte Oxidation anderer Substanzen verhindert. Solche Oxidationen finden am Apfel statt, wenn sein Fruchtfleisch, nicht länger durch die Schale geschützt, mit Luftsauerstoff reagiert. Wird Salzsäure als Antioxidationsmittel eingesetzt, fungiert sie genauer noch als Reduktionsmittel. Reduktionsmittel haben ein sehr niedriges Redox-Potential. Deshalb liegt ihre Schutzwirkung darin, dass die Säure als Schutzhülle auf dem Apfel eher am Luftsauerstoff oxidiert, als der Apfel selbst.

Didaktische Auswertung:

Dieser Schülerversuch untersucht ein Alltagsphänomen, dass den Schülerinnen und Schülern bereits bekannt sein sollte. Sie lernen Antioxidationsmittel kennen und wiederholen die Begriffe Oxidation, Reduktion, Oxidations- und Reduktionsmittel. Außerdem wird der sichere Umgang mit Chemikalien geübt. Es kann also Themenbereiche der Inhaltsfelder 1, 4, 6 und 7 abdecken.

Quelle: *Prof. Blumes Medienangebot - http://www.chemieunterricht.de/dc2/haus/v039.htm (letzter Zugriff: 10.12.15)*

Skizze:

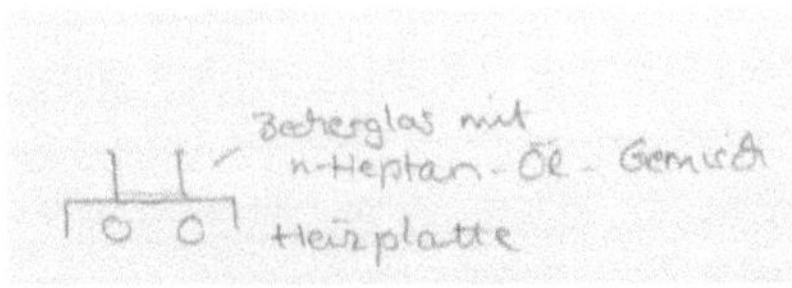

Chemikalien, Materialien und Sicherheitsaspekte:

n-Heptan: GHS – 02, 07, 08, 09; H: 225-304-315-336-410; P: 210-273-301+310-331-302+352-403+235

Pflanzensamen-Mischung, Mörser, Trichter, Filterpapier, Becherglas, Heizplatte, Rührfisch

Ziel des Experiments:

Dieses Experiment zeigt ein mögliches Verfahren zur Gewinnung von Ölen durch Extraktion von Pflanzensamen. Dabei werden zugleich mehrere Arbeitsschritte gut beobachtbar angewendet.

Durchführung:

Es werden etwa 50 g Pflanzensamen mit dem doppelten Volumen n-Heptan in einem Mörser gut zerrieben. Nach ein paar Minuten wird die Flüssigkeit in ein Becherglas abfiltriert und das Filtrat mit Rührfisch auf einer Heizplatte erhitzt, bis das Lösungsmittel abgedampft ist.

Beobachtungen:

Das farblose Filtrat beginnt bei einer Temperatur von knapp 98-100 °C zu verdampfen. Nach einer

Viertelstunde ist die meiste Flüssigkeit in die Gasphase übergangen und es bleiben einige Tropfen gelben Öls zurück, die einen angenehm nussigen Geruch aufweisen.

<u>Fachliche Auswertung:</u>

Nüsse und Pflanzensamen setzen sich größtenteils aus Anteilen von Kohlenhydraten, Fetten und Proteinen zusammen. Diese Fette sind zumeist ungesättigte Fettsäuren, die der menschliche Körper nicht selbst produzieren kann. Um dieses Fett aus den Pflanzensamen zu gewinnen, wird der Samen zerkleinert und das vorhandene Fett in einem lipophilen Lösungsmittel (n-Heptan) gelöst. Bei anschließendem Abdampfen wird das Lösungsmittel entfernt, welches einen Siedepunkt von etwa 98 °C[1] aufweist und das Öl bleibt zurück. Dieser Vorgang wird Kalt-Extraktion genannt, da hier mithilfe des Lösemittels Lipide aus den pflanzlichen Materialien extrahiert wird und das nur durch mechanische Energie und nicht unter Einfluss von Hitze. Die Extraktion ist das am häufigsten verwendete Verfahren zur Ölgewinnung.

<u>Didaktische Auswertung:</u>

Dieser Versuch kann als Schülerversuch durchgeführt werden, wobei die Schülerinnen und Schüler einen Herstellungsprozess der Pflanzenölgewinnung kennenlernen. Dabei werden sie in den Arbeitsabläufen des Mörserns und Filtrierens geschult und werden in das Themengebiet von Fetten eigeführt. Außerdem kann auf diesem Weg der Begriff des Lösungsmittels wiederholt und der Unterschied von gesättigten und ungesättigten, bzw. pflanzlichen und tierischen Fetten vorgestellt werden.

---

1 https://de.wikipedia.org/wiki/N-Heptan

<u>11) Modellversuch zum Friteusenbrand</u>

Quelle: Prof. Blumes Medienangebot - http://www.chemieunterricht.de/dc2/gefahr/gefv 02.htm (letzter Zugriff: 11.12.15)

<u>Skizze:</u>

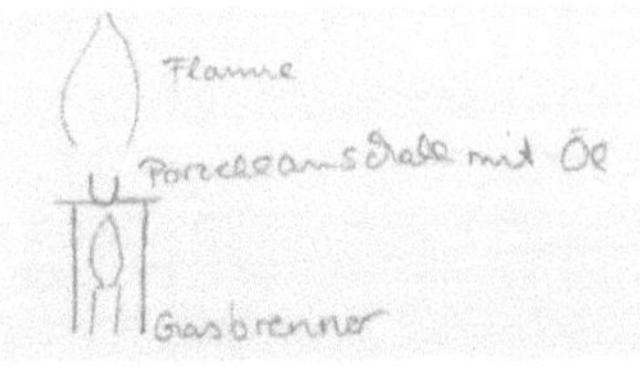

<u>Chemikalien, Materialien und Sicherheitsaspekte:</u>

Unter dem Abzug durchführen! Es sollte zunächst dafür gesorgt werden, dass Löschmöglichkeiten in der Nähe sind und genug Abstand gehalten werden kann.
Pflanzenöl, Spritzflasche mit Wasser, kleine Pozellanschale, Dreifuß, Gasbrenner

<u>Ziel des Experiments:</u>

Es werden die Gefahren aufgezeigt, die bei einem Fettbrand auftreten. Es wird demonstriert, was passiert, wenn versucht wird einen solchen Brand mit Wasser zu löschen und warum die Stoffeigenschaften von Fetten dabei eine Rolle spielen.

<u>Durchführung:</u>

In eine kleine Porzellanschale werden 1-2 mL Speiseöl gegeben und diese auf dem Dreifuß fixiert. Anschließend wird mit dem Gasbrenner so lange erhitzt, bis der Flammpunkt erreicht, also Bewegungen des Öls festzustellen bzw. aufsteigendes Gas über der Schale zu sehen ist. In dem Fall wird das Öl entzündet und der Gasbrenner ausgestellt. Nun werden einige Spritzer Wasser aus der Flasche in die Flammen gegeben. Der Vorgang wird wiederholt.

Mit einem lauten Zischen springt das brennende Öl teilweise aus der Schale heraus. Die Flammen werden größer. Nach mehrfachem Wiederholen ist das Feuer erloschen.

Fachliche Auswertung:

Fettbrände sind Brände von Speisefetten, die über ihren Brennpunkt erhitzt wurden. Der erste Gedanke, der einem Jeden bei solch einem Brand in den Sinn kommt, ist es diesen mithilfe von Wasser zu löschen. Dies entpuppt sich dann als Fehler, wenn das brennende Öl explosionsartig aus der Pfanne/der Friteuse herausschießt. Es kommt zur Fettexplosion. Dies liegt daran, dass das brennende Öl eine Temperatur von über 250 °C besitzt, das Wasser allerdings, das mit ihm in Berührung kommt, schon bei 100 °C siedet. Trifft es demnach auf das heiße Öl, verdampft es schlagartig und reißt einen Teil des brennenden Öls mit sich in die Höhe. Das Öl brennt weiter und verteilt sich gleichzeitig im Raum.

Didaktische Auswertung:

Dieser Demonstrationsversuch wird von der Lehrkraft im kleinstmöglichen Rahmen unter dem Abzug vorgeführt. Bei einem größer simulierten Brand sollte der Schulhof als Raum zur Durchführung genutzt werden. Die Schülerinnen und Schüler lernen ein Alltagsphänomen kennen und wie sie in solch einem Fall reagieren oder auch gerade nicht reagieren sollten. Dieser Versuch und die anschließende Bearbeitung decken den Kontext „Brände und Brandbekämpfung" des Inhaltsfelds 2 ab und zeigen anschaulich, dass Fette bzw. Öle die Eigenschaft mit sich bringen einen besonders hohen Siedepunkt zu besitzen.

BEI GRIN MACHT SICH IHR WISSEN BEZAHLT

- Wir veröffentlichen Ihre Hausarbeit,
  Bachelor- und Masterarbeit

- Ihr eigenes eBook und Buch -
  weltweit in allen wichtigen Shops

- Verdienen Sie an jedem Verkauf

Jetzt bei www.GRIN.com hochladen
und kostenlos publizieren